JN302588

Q&A で理解する
統計学の基礎

伊藤尚枝 著

北大路書房

はじめに

(1) 本書の構想

　本書では，読者が3つの目標を理解して運用できるように，以下のような工夫を加えて順番に解説していきます。
1. Ⓠ（question：質問）とⒶ（answer：応答）とⒽ（hint：ヒント）の視点を配置します。複眼で問題を分析して，統合的な理解を促進します。
2. 例題の中に空白部分を挿入して，文章・計算・表・図を処理する過程を表現します。その空白部分を適切に補充して完成する経験の積み重ねによって，統計学の基礎となる考え方と扱い方を理解できるようになります。

◎目標1：統計学を基礎づけている考え方（理法）を理解する。
　　☆出来事は，複雑な条件が重なりあった結果として発生します。
　　　　◇結果を発生させる条件が明確なとき，その条件を原因と呼びます。
　　　　◇条件と結果の対応を因果関係（causal relation）と呼びます。
　　☆統計学（statistics）は，どのような条件で，どのような出来事の発生が可能なのかを認識するために使われる科学的な道具です。
　　　　◇科学（science）とは，ある複雑な出来事に関係する認識が，統合的な解説システムとして共有されていることを意味します。
◎目標2：統計学の扱い方（技法）のエッセンス（要点）を理解する。
　　☆統計学で扱うことができるのは，数値で表現されたデータに限られます。
　　☆技法のエッセンスを理解できるように，あえて手計算を要求します。
　　　　◇数値の加減乗除とルート（平方根）を算出可能な電卓を利用します。
　　☆本書の学習を終えたら，続けて，パソコンで動かす統計ソフトを活用する解説書で本格的な学習を進めてください。
◎目標3：統計学の理法と技法をイメージ（グラフ）で具体化して理解する。
　　☆データを手描きでグラフ化する経験を積み重ねると，データのイメージを直感的に把握できるようになります。不便を我慢して試みてください。
　　☆表計算ソフトのエクセル（Excel）を操作できる方々は積極的に活用してください。ただし，エクセルの解説は本書ではしません。

(2) 想定する読者と学習法

本書は，統計学の知識を集めたハンドブックではありません．統計学を本質的に特徴づけている考え方（理法）と扱い方（技法）を抜き出し，2タイプの読者を想定して，理解を促進していきます．

◎想定1：教授者が指導するクラスにいる初学者
　　☆教授者がいるクラスであれば，安心して本書を自学自習できます．
　　☆教授者の立場から言うと，学生たちが能動的に自学自習をして，積極的に質問して考えている態度に接するのは，とても嬉しいことです．
◎想定2：再学習の必要があって始める独習者
　　☆筆者自身がそうでした．初めて統計学の授業を受けて，専門用語の洪水に圧倒されました．
　　　　◇克服のために，いろいろと努力をした筆者自身の経験を活かして，種々の工夫を組み入れて本書を書きます．
　　　　◇本書では，おおざっぱに直感的な理解ができればOKです．
　　☆統計学だけでなく，どんな研究領域でも，「要するに何なのか？」という直感が利かないまま暗記を強要されると，やる気が失せてしまいます．
　　　　◇本書では，「統計学とは要するに何なのか？」に応答する主な論点を浮かび上がらせながら，直感的な理解を促してゆきます．
　　　　◇電卓で四則演算（加減乗除）と平方根（$\sqrt{}$）を実行すると解答できる範囲内に限定して，項と項の関係を数式で表現します．さらに，例題の演習を通じて関係式に関する理解が深まります．

(3) 心理学を題材にした解説とデータ

筆者は大学・大学院修士過程で国語学を学んで，高校の国語科で教えました．それから，心理学の大学院修士・博士課程で学びました．まず視知覚の研究から始めて，現在は文章の理解と構成について研究をしています．このような経緯を活かして，本書の題材を心理学の諸研究から選んで解説します．章節のテーマに合わせて枠組と数値を再構成しますが，基本となる考え方と扱い方はていねいに記述します．結果として，簡潔な心理学入門としての役割も果たします．親しみやすい題材を紹介するので，他の領域を志す方々も直感的に理解できて楽しめると思います．

(4) 本書で使う記号

　本書は，統計ソフトを駆使する本格的な学習に入る前に，統計学の基礎になる理法と技法を大域的に理解しておく必要に対応するための入門書です。この目的を実現するために，さまざまな記号を活用して，記述間の相互参照が容易になるように工夫をします。さらに，冒頭の目次と巻末の索引も詳しく記述して，確認したい内容の該当する個所をすぐ検索できるようにしてあります。ぜひ，意識的に相互の参照を試みてください。すると，関連する知識がネットワーク化されて理解が深まります。

テーマ1.1	第1章1節（§1.1）で学ぶ内容を要約して紹介
Q3.2.8	第3章2節（§3.2）の8番目の問題
A3.2.8	対応する解答例
H3.2.8	対応するヒント
例2.4.2	第2章4節（§2.4）の2番目の例題
図2.3.2	第2章3節（§3.2）の2番目の図
表4.2.3	第4章2節（§4.2）の3番目の表
➡§1.3	第1章3節の記事を参照
➡§4.2.1	第4章2節の（1）の記事を参照
➡A4.3.5	第4章3節の5番目の解答例を参照

　本書では，個条書きを活用します。記述にメリハリをつけて，直解的に内容の理解を促進するための工夫です。さらにわかりやすさを優先して，骨格的な内容を記述します。厳密な詳しい記述ではありません。

◎	強調したい記述や，定義的な記述などを表します。
☆	その内容にとってコア（核）になる記述を表します。
◇	コアの意味を補足する記述を表します。
※	筆者のコメント（注釈）であり，付随的な内容を表します。

目　次

はじめに　i

第1章　統計学とは何なのか？　　1

§1.1　複雑で不確定的な現象　1
(1) まずは始めてみよう　1
(2) 理解したことを言語化してみよう　6
(3) 理解したことの整理　8
(4) モデル構成の考え方　9
(5) モデルの構成例と評価　10

§1.2　データとしての数値　11
(1) 数値には種類がある　11
(2) 四則演算：加減乗除　13
(3) データ値の水準　15

第2章　データの要約　　16

§2.1　データを並べる　16
(1) ともかく経験してみよう　16
(2) 平均値を計算　18

§2.2　分布のグラフ　20
(1) 度数分布　20
(2) 量的変数の度数分布　23
(3) 度数分布の読み取り　26

§2.3　分布特性の統計値の算出　27
(1) 平均と標準偏差　27
(2) 算出の過程　28

第3章　変数間の関係を分析　　30

§3.1　変数のセット化　30
(1) 変数の尺度化　30
(2) 点データ　32

§3.2　散布図の読み取り　33
(1) ともかく並べなおす　33
(2) 具体例の関係分析　35

§3.3　因果関係と相関関係　39
(1) 原因の帰属　39
(2) 相関関係とは　41

第4章　相関係数と回帰分析　　44

§4.1　回帰直線　44
(1) 主観の客観化　44
(2) 回帰直線の原理　45

§4.2　相関係数　47
(1) ピアソンの積率相関係数 r　47
(2) 自由度　48
(3) 相関係数の有意性　48
(4) 相関関係のパターン　49

§4.3　回帰分析　53
(1) 回帰分析のモデル　53
(2) 線形の単回帰式　54
(3) 相関と回帰の意義　55

第5章　サンプリング　　56

§5.1　ウォームアップ　56
(1) 投票行動　56
(2) コンビニの品揃え　57

§5.2　複合重層的な集合　59
  (1) 全体集合と部分集合　59
  (2) 問題の水準　61

§5.3　サンプリングとデータ　62
  (1) サンプリングの体験　62
  (2) 母集団と標本　65
  (3) 平均値を算出　66
  (4) 分布の範囲　68

§5.4　重回帰分析に向けて　69
  (1) 重層構造と水準の誤り　69
  (2) サンプリングと平均値の変動　70
  (3) 散布図で可視化　72
  (4) 発達現象の可視化　74

第6章　確率と正規分布　76

§6.1　ウォームアップ　76
  (1) 分数と小数　76
  (2) 不思議ではありませんか　77

§6.2　場合の数と確率　78
  (1) 数学的確率と統計的確率　78
  (2) 順列による場合の数　79
  (3) 組み合わせによる場合の数　80
  (4) 順列と組み合わせの公式　81
  (5) 確率の表現法　81
  (6) 確率の基礎定理　82
  (7) 素朴な了解とのズレ　83

§6.3　確率変数と分布　84
  (1) 標本空間　84
  (2) 確率分布　86

§6.4　大数化と正規分布　87
  (1) 大数の法則　87
  (2) 乱数表の使い方　89
  (3) 正規分布の特性と形状　94

第7章　母平均の推定　　98

§7.1　ウォームアップ　98
(1) 信念と行動　98
(2) コンテクスト　100

§7.2　点推定　102
(1) いくらの時給ならば働く？　102
(2) 母平均の点推定をしてみよう　103

§7.3　区間推定　104
(1) 母数の区間推定の種類　104
(2) 母平均の区間推定の計算方法　105
(3) 95%の信頼度　106
(4) 母平均の区間推定をしてみよう　107

第8章　実験研究のデザイン　　108

§8.1　ウォームアップ　108
(1) 合理的思考　108
(2) モレとダブリ　110
(3) 論理ツリー（樹形図）　111

§8.2　研究仮説の構成　112
(1) 問題の分析　112
(2) 分析された問題の樹形図　113
(3) 研究仮説の構成例　114

§8.3　実験のデザイン　116
(1) 実験を構成する3要因　116
(2) 要素間の対応関係　117
(3) 主要な概念の記号化　118
(4) 望ましくない実験デザイン　118
(5) やや望ましくない実験デザイン　119
(6) 望ましい実験デザイン　120
(7) 規定要因の発見　121

第9章　調査研究のデザイン　　　　　　　　　　　　　　　122

§9.1　ウォームアップ　122
(1) 自己チェック　122
(2) 表象の可視化　123
(3) 可能性を読み取る　124

§9.2　質問紙法の反応形式　125
(1) 強制選択法　125
(2) 評定法（リカート法）　125
(3) 一対比較法　126
(4) 順位法　126
(5) チェックリスト法　126
(6) SD法（Semantic Differential Technique：意味差微分法）　126

§9.3　測定尺度の評価　127
(1) 妥当性（validity）　127
(2) 信頼性（reliability）　127

§9.4　質問項目の作成基準　128
(1) 望ましくない項目の例　128
(2) 望ましい項目の基準　130

第10章　仮説検定　　　　　　　　　　　　　　　132

§10.1　ウォームアップ　132
(1) 愛の分析　132
(2) 攻撃の分析　133

§10.2　仮説検定の考え方　134
(1) いかさまコインなのか？　134
(2) 仮説検定を解説する前に　142
(3) 仮説検定の手順　143

§10.3　判定にともなう2つの過誤　145
(1) 日常生活の出来事と判定　145
(2) 第1種の過誤 α と第2種の過誤 β　146
(3) α 値と β 値との関係　147

§10.4　片側検定と両側検定　149
　(1) 表と裏，どちらが出やすい？　149
　(2) 片側検定の理法　150
　(3) 両側検定の理法　151

第11章　t検定：2標本の比較　152

§11.1　ウォームアップ　152
　(1) まず分布特性を分析　152
　(2) バランスの良さ　153

§11.2　差の検定法の種類と適用条件　154
　(1) データ値の水準と検定の種類　154
　(2) t検定の種類　155

§11.3　等分散性の検定　156
　(1) 分散が等しいという意味　156
　(2) 分散とF分布の関係　158
　(3) 等分散性の検定の手順　159

§11.4　対応のないt検定　161
　(1) アンケート項目の分析：G-P分析　161
　(2) アンケートをやってみよう　162
　(3) 上位群と下位群に分割　163
　(4) 2群の統計量を算出　164
　(5) 対応のないt検定の前に等分散性の検定　165
　(6) t値の計算：対応のない場合　166
　(7) 対応のないt検定の仮説と判定　167
　(8) 結果の整理（対応のないt検定）　169

§11.5　対応のあるt検定　170
　(1) 本調査用の質問紙　170
　(2) 本調査の実施　171
　(3) t値の計算：対応のある場合　172
　(4) 対応のあるt検定の仮説と判定　173
　(5) 結果の整理（対応のあるt検定）　175

第12章　分散分析：3標本の比較　　　176

§12.1　ウォームアップ　176
(1) 二つ巴と三つ巴　176
(2) 注目する次元　177

§12.2　分散分析の理法　179
(1) データのモデル　179
(2) 分散分析のイメージ　180
(3) イメージの解読　181
(4) 分散分析表　182
(5) 分散分析の種類　183

§12.3　対応のない3標本　184
(1) 実験計画：発話恐怖症と療法　184
(2) 対応のない1元配置の計算法　186

§12.4　多重比較検定　188
(1) 有意差が発生している場合の特定　188
(2) 各群の平均値と標準偏差値　189
(3) チューキー法　190
(4) 結果の整理（対応のない1元配置の分散分析）　191

第13章　カイ二乗検定：度数の比較　　　192

§13.1　ウォームアップ　192
(1) 数量の単位　192
(2) 計数　193
(3) クロス集計　194

§13.2　適合度の検定　195
(1) 実験計画：価値観　195
(2) 期待度数　196
(3) 適合度の検定における仮説　197
(4) カイ二乗値を算出しよう（適合度の検定）　198
(5) 適合度の検定と判定　199
(6) 結果の整理（適合度の検定）　200

§13.3 独立性の検定　201
  (1) 実験計画：知覚変換　201
  (2) 期待度数の算出　203
  (3) 独立性の検定における仮説　204
  (4) カイ二乗値を算出しよう（独立性の検定）　205
  (5) 独立性の検定と判定　206
  (6) 結果の整理（独立性の検定）　207

今後の学習に向けて　208
引用・参照文献　211
索引　213

付表
  (1) 乱数表　216
  (2) F の臨界値　218
      片側検定　有意水準5％
  (3) ピアソンの積率相関係数（r）の臨界値　220
      両側検定　有意水準5％・有意水準1％
  (4) t の臨界値　221
      片側検定・両側検定　有意水準5％
  (5) q の臨界値　222
      有意水準5％
  (6) χ^2 の臨界値　223
      片側確率　有意水準5％

第1章

統計学とは何なのか？

この第1章では，統計学を裏づけている考え方の基本を解説します。その過程で問題Qを提示します。読者は，まず自力で解答を書き込んでください。あとで，対応するヒントHや解答Aを提示します。わからない箇所があったら仲間たちと一緒に考えたり，先輩や先生に質問してください。積極的に学ぶ努力をしているうちに理解が深まります。

§1.1 複雑で不確定的な現象

> テーマ1.1
> 統計学は，不確定的に観察される複雑な現象を，データを根拠にして認識する考え方（理法）と扱い方（技法）のシステムです。難しく表現しましたが，この意味を理解することが，本書全体を通じての到達目標です。本節は始まりですから，おおざっぱに理解できれば十分です。

(1) まずは始めてみよう

> Q1.1.1
> 江戸時代の浮世草子『世間学者気質』には，「風が吹けば桶屋がもうかる」と記述されています。
> このような事態（出来事）が発生するパーセント（％）を考えて，以下の尺度の数値を○で囲んでください。そして，その理由を簡単に記述してください。
>
> [評定]： 0 10 20 30 40 50 60 70 80 90 100%
>
> [理由]：

1

第1章　統計学とは何なのか？

Q1.1.2

「風が吹けば」は、小さな出来事が連鎖して、「桶屋がもうかる」という結果の出来事が発生すると述べていると解釈できます。どのような出来事が、連鎖していくと考えられますか。以下に記述してください。

原因的な出来事	結果的な出来事
→	
→	
→	
→	
→	
→	

◎時系列的な変化

☆出来事が、時間経過とともにルール支配的に変化する様子を表します。

☆次頁の図1.1.1で、淡水魚のトゲウオが表す生殖行動を特徴づける雄♂と雌♀の行動連鎖をパターン分析してあります。

　　◇図中の①〜⑨は、観察される行動水準のパターンを表します。

　　◇［発現／展開／終止］のパターンは認識水準を表すカテゴリです。

☆生得的な時系列パターンや学習された時系列パターンであれば、相対的に安定して一貫しています。

　　◇例えば造巣行動が完了しないと明確な求愛行動は始まりません。造巣の途中で求愛が始まっても完了できないまま消えます。

　　◇例えば求愛行動♂が始まっても、応答行動♀が始まらないときには、誘導行動♂は完了できず不全に終始します。

☆例えば求愛行動は応答行動に対して原因的に機能します。言い換えると、応答行動は求愛行動に対して結果的に機能します。

　　◇応答行動は、誘導行動に対しては原因的であり、同時に、求愛行動に対しては結果的です。

　　◇二重の意味を持つので連鎖できるのです。

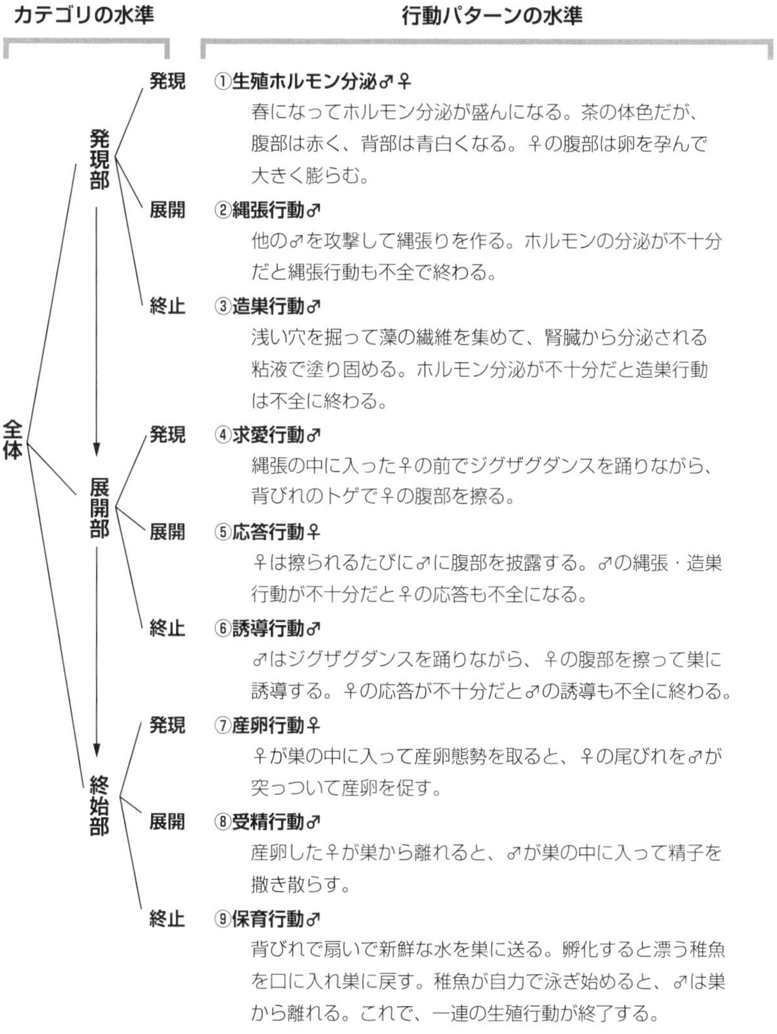

カテゴリの水準	行動パターンの水準
発現部 — 発現	①**生殖ホルモン分泌♂** 春になってホルモン分泌が盛んになる。茶の体色だが、腹部は赤く、背部は青白くなる。♀の腹部は卵を孕んで大きく膨らむ。
発現部 — 展開	②**縄張行動♂** 他の♂を攻撃して縄張りを作る。ホルモンの分泌が不十分だと縄張行動も不全で終わる。
発現部 — 終止	③**造巣行動♂** 浅い穴を掘って藻の繊維を集めて、腎臓から分泌される粘液で塗り固める。ホルモン分泌が不十分だと造巣行動は不全に終わる。
展開部 — 発現	④**求愛行動♂** 縄張の中に入った♀の前でジグザグダンスを踊りながら、背びれのトゲで♀の腹部を擦る。
展開部 — 展開	⑤**応答行動♀** ♀は擦られるたびに♂に腹部を披露する。♂の縄張・造巣行動が不十分だと♀の応答も不全になる。
展開部 — 終止	⑥**誘導行動♂** ♂はジグザグダンスを踊りながら、♀の腹部を擦って巣に誘導する。♀の応答が不十分だと♂の誘導も不全に終わる。
終始部 — 発現	⑦**産卵行動♀** ♀が巣の中に入って産卵態勢を取ると、♀の尾びれを♂が突っついて産卵を促す。
終始部 — 展開	⑧**受精行動♂** 産卵した♀が巣から離れると、♂が巣の中に入って精子を撒き散らす。
終始部 — 終止	⑨**保育行動♂** 背びれで扇いで新鮮な水を巣に送る。孵化すると漂う稚魚を口に入れ巣に戻す。稚魚が自力で泳ぎ始めると、♂は巣から離れる。これで、一連の生殖行動が終了する。

図1.1.1　**トゲウオの生殖行動**（Tinbergen, 1951）
イトヨとも言うが、背びれにトゲ状の突起があるのでトゲウオと呼ぶ。成魚の体長が10センチぐらいの淡水魚である。

第1章 統計学とは何なのか？

　統計学は，現実の出来事を科学的に認識するために工夫された道具の一つです。例えば『週刊ダイヤモンド』(2013.3.3) が「最強の武器：統計学」という特集を組んで，「経験や勘はもう通用しない：できるビジネスマンは数字で語る」というサブタイトルにしました。世間の関心を呼び起こして，異例なほどに多い印刷部数になったそうです。

Q1.1.3

　インターネットで調べると，多くは，以下のような連鎖を解説しています。それぞれの命題（文）が表している事態間の関係が，どのくらいの程度で発生するかを考えて，文末のカッコ内に想定した百分率％（→Q1.1.1）で，評定してください。

　①大風で，土ぼこりがたつ。　　　　　　　　　　　〔　　　％〕
　②土ぼこりが目に入って，視覚障害者が増える。　　〔　　　％〕
　③視覚障害者になると，三味線を買う。　　　　　　〔　　　％〕
　④三味線に使う猫革が必要になり，ネコが殺される。〔　　　％〕
　⑤ネコが減ると，ネズミが増える。　　　　　　　　〔　　　％〕
　⑥ネズミは，桶をかじる。　　　　　　　　　　　　〔　　　％〕
　⑦桶の需要が増えて，桶屋が儲かる。　　　　　　　〔　　　％〕

H1.1.3

　当時の視覚障害者は，（「門付け」と言いますが）人家の前に立って三味線を弾きながら歌って「お布施」をもらっていました。

Q1.1.4

1．Q1.1.1で判断した評定値を小数にして書き写します。　〔　　　〕
2．Q1.1.3で判断した評定値を小数にして以下の式で計算します。
　a．〔①　〕＋〔②　〕＋〔③　〕＋〔④　〕＋〔⑤　〕＋〔⑥　〕＋〔⑦　〕＝〔　　　〕
　b．〔①　〕×〔②　〕×〔③　〕×〔④　〕×〔⑤　〕×〔⑥　〕×〔⑦　〕＝〔　　　〕
3．加算（足し算）と積算（掛け算）の計算値を，Q1.1.1の評定値と較べて，以下の設問に答えてください。
　a．どちらが近似する値になりましたか？
　b．その理由を考えてください。

H1.1.4 ─────
 筆者の評定値と計算値を例示します。%の値は小数に変換しました。
1．0.3
2．a．〔① 0.9〕+〔② 0.3〕+〔③ 0.6〕+〔④ 0.8〕+〔⑤ 0.8〕+〔⑥ 0.4〕+〔⑦ 0.2〕=〔4.0〕
　　b．〔① 0.9〕×〔② 0.3〕×〔③ 0.6〕×〔④ 0.8〕×〔⑤ 0.8〕×〔⑥ 0.4〕×〔⑦ 0.2〕=〔0.0082944〕

A1.1.4 ─────
◎**パーセント（％）**は**百分率**と言います。
　☆％を"100"で割ると小数で表現できます。　**例**35÷100=0.35
　☆小数に100を掛ければ％に戻ります。　　　**例**0.35×100=35％
◎パーセントを表す小数は〔0.0〜1.0〕の範囲に入る数値をとります。
　☆H1.1.4の例では，加算すると〔4.0〕になってしまいパーセントを表す数値としては不適切です。
　☆試みに，加算値を項目数で割ってみます。　**例**4.0÷7=0.571428571
　☆Q1.1.1では，10％刻みのスケール（尺度）になっています。
　　　◇ということは，小数点より下の第1位までが有効であり，第2位より下は無効ということになります。
　　　〔0.XYZ〕で，Xは小数点以下第1位の数
　　　　　　　　　Yは小数点以下第2位の数
　　　　　　　　　Zは小数点以下第3位の数
　　　◇だから，小数点以下第2位で四捨五入します
　　　〔0.2X〕で，Xが〔4/3/2/1/0〕ならば捨てて〔0.2〕です。
　　　　　　　　Xが〔5/6/7/8/9〕ならば入れて〔0.3〕です。
　☆下位成分の加算値を項目数で割った〔0.571428571〕は，
　　　◇小数点以下第2位で四捨五入して丸めた値は〔0.6〕です。
　　　◇全体の評定値〔0.3〕に対して良い予測値とは言えないようです。
　☆下位成分の積算値は〔0.0082944〕だから，
　　　◇小数点以下第2位で四捨五入すると，丸めた値は〔0.0〕です。
　　　◇全体の評定値〔0.3〕に対して良い予測値とは言えないようです。

(2) 理解したことを言語化してみよう

Q1.1.5

◎前頁のH1.1.4とA1.1.4で以下の数値を比較しました。

　　☆全体的な印象の評定値　　　　　　　　➡Q1.1.1
　　　　①筆者の評定値＝0.3　　　　　　　　➡H1.1.4
　　☆下位成分を合成した計算値　　　　　　➡Q1.1.3
　　　　②単純な加算値＝4.0　　　　　　　　➡H1.1.4
　　　　③加算値を項目数で除算＝0.57　→0.6　➡A1.1.4
　　　　④単純な積算値＝0.0082　　　→0.0　➡H1.1.4

◎評定値①と合成値②～④との関係について，以下のように結論づけてもよいですか，だめですか？　判断して理由を述べてください。

a．評定値①に対して単純加算値②は大きく異なっているが，②は①の予測値として認めてもよいだろう。

> 判定：よい／だめ
> 理由

b．加算値を項目数で割ると**平均値**を算出できる。③の平均値は，①の評定値より大きいが大きすぎることはない。だから，予測値として認めてもよいだろう。

> 判定：よい／だめ
> 理由

c．単純な積算値④は，評定値①よりも小さい。この程度の差ならば予測値としては認めてもよいだろう。

> 判定：よい／だめ
> 理由

A1.1.5─

◎ここで解説する考え方が，さまざまな統計技法に共通して一貫する基本的な理論となります。〔　〕に入る語句を選択しながら理解してください。

① **一般化できるデータですか？**
　☆ Q1.1.5で例示したデータ（数値）は一般化〔できる／できない〕。
　　◇そのデータは，筆者が評定した値を表しています。だから，一般化できるデータと認めるならば，筆者は人間一般（すべての人間）を代表する〔正当／不当〕な存在になってしまいます。
　　◇さまざまなことに関する筆者の判断は，読者の皆さんと判断が共通する場合もありますが，異なる場合もあります。
　☆統計学では，人の振る舞い方を含めた多様な出来事を対象データとして扱います。つまり，統計学は個々のデータが〔おなじ／ちがう〕という前提から出発して，データを処理して結論を導き出します。
　　◇すべてのデータが〔おなじ／ちがう〕と前提にすると，統計処理は必要ありません。何も変化しないからです。
　　◇多様性を前提にしていますがデタラメということではありません。デタラメつまりランダムならば，お互いの運動が相殺しあって，変化の勢いが〔高まり／弱くなり〕，結局は同質的になります。
　☆統計学ではデータの個々は違っているが全体的に見れば何らかの秩序を発見できる見込み（**可能性**）のあるデータ群が前提になります。その秩序特性を発見することが統計学の仕事です。

② **判断や予測の根拠が明確ですか？**
　☆ Q1.1.5で，全体的な出来事に関する直感的な評定値と，全体を個々に分解した下位成分からの合成値を比較しました。
　　◇図1.1.1で言い換えてみると，下位成分の行動パターン①・②・③を合成して発現部をカテゴリ化しました。展開部と終止部も同様です。
　　◇**カテゴリ化**は全体の生殖行動の時系列を見えやすく（可視化）するための**モデル**に相当します。
　☆下位成分の合成値を加算，平均，積算することもモデル化です。
　　◇判断や予測の基準をモデル化〔しなくても／しないと〕判断や予測を実行できません。基準とのズレが評価されます。

第1章　統計学とは何なのか？

(3) 理解したことの整理

◎この§1.1を,「風吹けば桶屋がもうかる」という出来事（事態）を考えることから出発しました（➡Q1.1.1）。整理して確認しておきます。

　☆「風が吹く」という事態 X_1 と,「桶屋がもうかる」という事態 Xn の間に,〔$X_1 → X_2 → X_3 → …… → X_n$〕のように, **時系列的に連鎖**する事態の関係を想定できるかどうかが問題になっています。

　☆心理学の認識対象は, 時系列的に連鎖する出来事であり, その典型的な例を図1.1.1のトゲウオにおける生殖行動の展開に見ることができます。

　　◇春になって気温の上昇が原因となって, 生殖ホルモンの分泌が盛んになり, 体色が変わり, 雌の腹部が膨らむという結果が連鎖します。

　　◇ホルモン分泌にとって, 春と水温のどちらが条件なのかは実験で確認できます。春になって気温が上昇しても, 水温を低く保つ水槽内ではホルモン分泌が実現しません。もちろん, 自然環境では, 気温が上昇すれば水温も上昇します。

　☆ホルモンの分泌量が不十分だと, 縄張行動が発現しても, 不全のまま終了します。縄張行動が不十分だと造巣行動が展開しません。

　　◇連鎖する行動系列では, ある行動型Gの充足が, 次の行動型Hが発現するための条件になります。言い換えると, Gの充足がHへの変換を実現させる条件になり, Gの不充足がHへの変換を実現させない条件になります。条件Gの充足しだいで, 結果Hの実現が左右されます。

◎「風吹けば桶屋がもうかる」の下位成分を分析しました（➡Q1.1.3）

　☆下位成分それぞれが表す**条件-結果の関係**は,「大風で土ぼこりがたつ」のように**連鎖の必然性**が高い場合もあります。

　　◇しかし,「ネズミは桶をかじる」は柱や箪笥などであってもよいはずで, 桶と特定する確率は高くないはずです。

　　◇トゲウオの例では連鎖する事態間の関係は必然的ですが, 桶屋の例では連鎖する可能性の確率は認められるが必然的ではありません。

　☆事態間の連鎖が必然的な場合も確率的な場合も, 一般化するために, その連鎖する程度を統計的な扱い方によって特定しなければなりません。

　　①一般化の根拠となる**データ**を集めます（➡A1.1.5）。

　　②下位成分を分析して, 連鎖過程の**モデル**を構成します。

　　③データとモデルの一致度を検討します。

(4) モデル構成の考え方

◎心理学的な問題を扱うときは，データを統計的に処理した結果に準拠して考察することが要求されます。統計学の扱い方は本書の全体を通じて解説します。ここでは，現象のモデル化に関する考え方の基本を取り出してみます。

◎出来事の全体を分析して，下位成分の事態の時系列的な連鎖として扱います。

☆図1.1.2は，**複雑**（complex）な事態を概念化した流れ図です。

◇本流に対して3つの水準（主成分／副成分／余成分）を区別してあります。例えば，ⓐの副成分が本流となれば，対応づけて3水準の設定が可能なので，さらに水準システムが深くなります。

☆問題を分析するとき，以下の要求を無視すると水準の誤りが生じます。

①本流を決定して，主成分・副成分・余成分の関係を明晰にする。

②分析の基本は，主成分に対応する巨視的（**マクロ**）水準です。副成分や余成分は，微視的（**ミクロ**）水準で除外が可能です。

◇マクロとミクロを混同することを**水準の誤り**と言います。

◇本流を確定できていないために発生する誤りです。

◎主成分間の調整関係を分析する。

☆主成分が相互に同調的または対立的に機能する場合もあります。

◇図中の①と②が**同調的**ならば　①$^+$／②$^+$；①$^-$／②$^-$

☆主成分が相互に対立的に機能する場合もあります。

◇①と②が**対立的**ならば　①$^+$／②$^-$；①$^-$／②$^+$

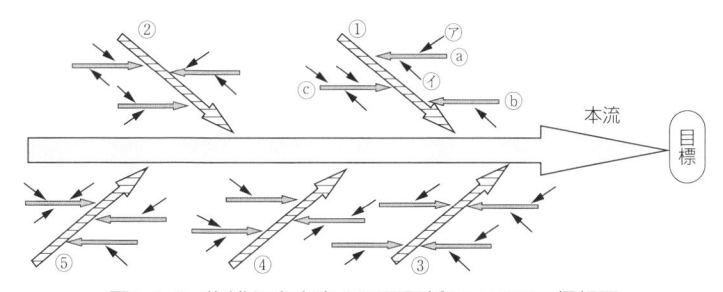

図1.1.2　複雑な出来事の要因関係についての仮想図

☆第1水準の支流：主成分　①②③……
◇第2水準の支流：副成分　ⓐⓑⓒ……
・第3水準の支流：余成分　ⓐⓑⓒ……

(5) モデルの構成例と評価

◎繰り返しますが（➡図1.1.2），［主成分／副成分／余成分］の水準を区別してモデル化する必要があります。その意味を図1.1.3で解説します。

　☆図ⓐの黒点が個々のデータを表しています。

　☆図ⓑのように，全部のデータを直接に連結すると境界線が複雑すぎて意味の伝達が阻害されます。つまり，良いモデルとは言えません。

　　　◇主成分のデータだけでなく，下位成分（副成分や余成分）のデータも取り込んでいる可能性が高い境界設定です。

　☆図ⓒのように，線形（直線形）の境界線は認識しやすいのですが，単純化しすぎて，主成分のデータを見落としている可能性が高いと思われます。そのときは，良いモデルとは言えないでしょう。

　　　◇1次直線を**線形**と呼び，2次以上の曲線を**非線形**と呼びます。

　☆図ⓓのモデルでは，すべてのデータにほどよく接近した曲線（非線形）になっているので，良いモデルだと言えるでしょう。

◎**概括変換：丸める操作**

　☆図ⓓのモデルは，すべてのデータにほどよく近接しています。

　　　◇言い換えると，データをほどよく丸めています。

　　　◇数値を丸めるとき（➡A1.1.4）四捨五入／切り捨て／切り上げの操作を実行します。

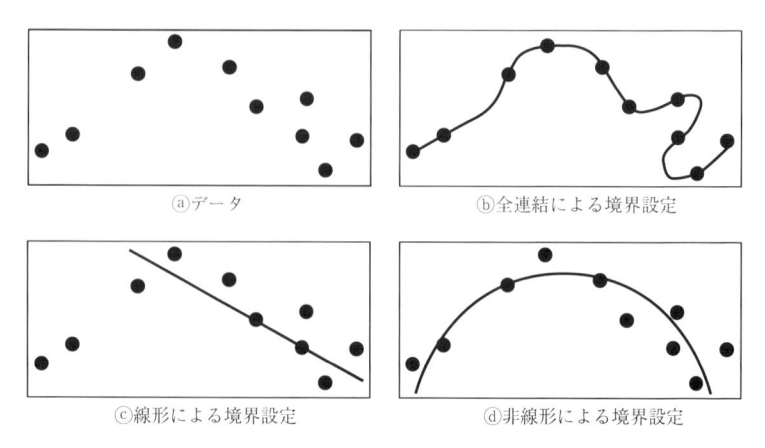

ⓐデータ　　　　　　　　　　ⓑ全連結による境界設定

ⓒ線形による境界設定　　　　ⓓ非線形による境界設定

図1.1.3　データに対する境界線の当てはめ

§1.2 データとしての数値

> テーマ1.2
>
> 統計学は数値データの処理システムです．行動や言語や映像など多種類のデータが存在していますが，数値データに変換しないと統計学の処理を適用できません．本節では，どのように考えて，どのように数値化（尺度化）を適用すると，どのような扱い方が可能になるかを解説します．

(1) 数値には種類がある

Q1.2.1

◎以下で，いくつかの計算例を提示します．そのような扱いが［可能／不能］な数値かどうかを判定して，その理由を明らかにしてください．周りの友人たちと一緒に考えると理解が深まると思います．

① ここに砂金が2 kgある．5人で山分けすると1人の取り分は0.4 kgだ．

```
判定：可能／不能
理由
```

② Aの知能指数は140だから，知能指数が100のBより1.4倍も知能が高い．

```
判定：可能／不能
理由
```

③ 好物の1番はAで，2番はB，3番はCだから，AをCの3倍好きです．

```
判定：可能／不能
理由
```

④ Aの背番号は3で，Bの背番号は9だから，AとBの能力は足して12です．

```
判定：可能／不能
理由
```

第1章 統計学とは何なのか？

H1.2.1
◎**意味**（meaning）とは，下の図1.2.1で解説したように概念系と事象系が対応する関係を表します。
　☆**概念系**（conceptual system）は，関与する事象の範囲を**焦点化**する。
　　◇焦点化は概念に対応する事象を確定するように機能しますが，他の概念に対応する事象と重複する場合もあります。
　　◇図1.1.1で，カテゴリの水準が概念系に相当します。
　☆**事象系**（eventual system）は，観察された事態を概念に**投映**する。
　　◇特定の事象が投映されると，概念の意味が確定します。投映された事象の特性が不定的ならば意味が確定しません。
　　◇図1.1.1で，行動パターンの水準が事象系に相当します。
◎数値もまた概念系であり，事象系との対応関係しだいで**数値の意味（尺度）**が変わります。記述の空欄に入る適切な語を選択しながら考えてください。
　☆背番号の数字は〔必然的／恣意的〕に決まります。例えば，大リーグで活躍するダルヴィッシュはテキサス・レンジャーズでの背番号は11ですが，日本ハムでも11でした。しかし，北京五輪では18でした。
　☆例えばAKB48のメンバーでS＜M＜Yの順番で好きならば，好き度の差（減算）が〔M−S＝Y−M〕だと〔言えます／言えません〕。
　☆知能指数がゼロだと〔言えます／言えません〕。なぜでしょう？
　☆重量がゼロだと〔言えます／言えません〕。
　☆キログラム原器で重量単位となる1 kgが規約されています。だから，体重が60 kgならば単位の60倍だと〔言えます／言えません〕。
　☆物理学は，C（長さ：センチ）G（重さ：グラム）S（時間：秒）の3種の単位によるデータで構成されます。

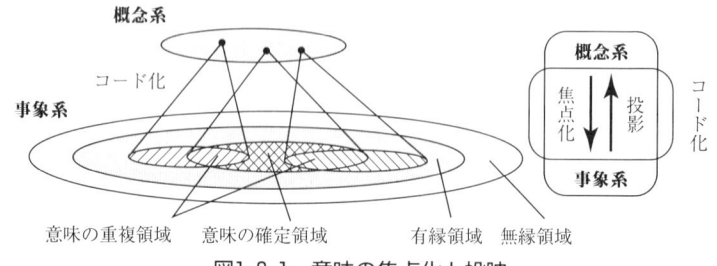

図1.2.1　意味の焦点化と投映

(2) 四則演算：加減乗除

データは数値で表現されていないと統計処理できません。その統計処理は四則演算（加算／減算／乗算／除算）が基本の操作となって構成されています。その操作システムを確認しておきましょう。

Q1.2.2

◎加算と減算は互換可能なシステムです。
　　☆数値を XYZ の記号で代表させます。
　　☆X＋Y＝Z の加算が成立すれば，
　　　　◇X＝Z－Y や Y＝Z－X の減算が成立します。
　　　　◇減算が成立すれば，対応する加算が成立します。
◎以下の意味が成立するかどうか判定して，理由を述べてください。

①重量120 kg の物体から40 kg を減量すると，元の重量の約67％になる。

> 判定：可能／不能
> 理由

②AよりBが，BよりCが，CよりDが好きだ。DはAより2倍好きだ。

> 判定：可能／不能
> 理由

③競技会で1番と2番が1人ずつと3番が3人いる。5人が3番以内だ。

> 判定：可能／不能
> 理由

④平均的な人が3人いれば，優秀な1人よりも優れた成果をあげるだろう。

> 判定：可能／不能
> 理由

Q1.2.3

◎乗算と除算は互換可能なシステムです。
　　☆数値をXYZの記号で代表させます。
　　☆X×Y＝Zの乗算が成立すれば，
　　　　◇X＝Z÷Yの除算が成立します。
　　　　◇除算が成立すれば，対応する乗算が成立します。
◎以下の意味が成立するかどうか判定して，理由を述べてください。

①Aは140グラムでBは70グラムだから，Aの2倍はBの4倍に等しい。

> 判定：可能／不能
> 理由

②私がAを2倍好きになれば，Aは私を4倍好きになるはずだ。

> 判定：可能／不能
> 理由

③徒競走で1番だった人は，3番だった人より3倍速く走る。

> 判定：可能／不能
> 理由

④Aは100ポイントで500円で，Bは110ポイントで600円だから，Bのほうが得だ。

> 判定：可能／不能
> 理由

(3) データ値の水準

①名義尺度（nominal scale） ☆対象を識別する命名をコード化 　◇ダルヴィッシュ→11 　◇イチロー→51, 31 　◇男→1　女→2 ☆出現数を数えてコード化（度数） 　◇今年の新入生は70人で、同姓の齋藤が3人、鈴木が2人いる。 　◇この町内でA党支持者は54人。全数が153人だからA党の支持率は35%（54÷153≒0.3529）。 ☆ノンパラメトリック統計を適用 　◇数値を加減乗除できない。 　◇最頻値、カイ二乗検定など。	②順序尺度（order scale） ☆性質や評価の大小をコード化 　◇健康状態 　　良い→3；普通→2；悪い→1 　◇差は同程度でない　$3-2 \neq 2-1$ ☆順序をコード化 　◇1番、2番、3番 　◇1着、2着、3着 　◇1塁、2塁、3塁 ☆ノンパラメトリック統計を適用 　◇数値を加減乗除できない。 　　・数値が単位の倍数でない。 　　・差の量が等しくない。 　◇中央値、順位相関など。
③間隔尺度（interval scale） ☆順序性と等間隔性をコード化 　◇$1<2<3<4<5$…… 　　・$3-2=5-4 \ (=1)$　減算 　　・$4+1=3+2 \ (=5)$　加算 ☆原点ゼロが相対的で絶対的でない。 　◇温度のゼロはセ氏とカ氏とで違う。相対的なゼロで、絶対的でない。 　◇セ氏の10度は、カ氏の5度の2倍ではない。 　◇等間隔だから加減算は可能であるが、相対的ゼロなので乗除算は不能。 ☆パラメトリック統計を適用 　◇平均値、標準偏差値、t値など。 　◇ノンパラメトリック統計も可能	④比率尺度（ratio scale） ☆単位の倍数（比率）をコード化 　◇単位の量が規約されている。 　　・長さ：Cセンチ　メートル原器 　　・重さ：Gグラム　キログラム原器 　　・時間：Sセコンド　平均太陽日 　◇数値は単位量の倍数を表す。 ☆絶対ゼロが定まる。 　◇加減算が可能 　　$X+Y=Z$　　$X=Z-Y$ 　◇乗除算が可能 　　$X \times Y=Z$　　$X=Z \div Y$ ☆パラメトリック統計を適用 　◇値を名義尺度や順序尺度に変換してノンパラメトリックを適用できる

第2章 データの要約

第1章を通読して，本書の学び方を了解できたのではないでしょうか。問題Qとヒント H をていねいに提示して，解答 A はほとんど省略しています。Q と H との積み重ねの中に A を織り込んでいるからです。そして，すぐに解答を見て理解したような気になる消極的な姿勢が，友人たちと一緒に考えて先輩や先生に質問する積極的な学び方へと変わるように促したいからです。

§2.1 データを並べる

―テーマ2.1―
　　統計学で扱うことができるデータは数値の集合（あつまり）です。数字が並んでいるだけなので，一見しても何を意味しているのか理解できないのが普通です。しかし，考え方と扱い方をマスターするほど，一見して何を意味しているのか洞察が利くようになります。いよいよ統計学が始まります。

(1) ともかく経験してみよう

Q2.1.1
◎下の図2.1.1は数字の集まり（集合）です。データが散らばっている様子を表します。これらの数値が何を意味しているか分かりますか？

判定：分かる／分からない
理由

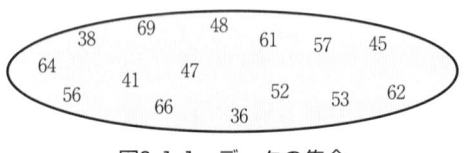

```
     38    69    48    61   57   45
  64     41    47         52
     56       66    36       53   62
```

図2.1.1　データの集合

§2.1 データを並べる

Q2.1.2

以下の要求を実行してください。そうすると，図2.1.1の数値（概念系）と事象系（➡図1.2.1）との対応関係（意味）が明らかになるでしょう。

◎前頁の図2.1.1の数値を，右の表2.1.1の①列に，**昇順**（小から大へ）で並べて書きます。

◎前頁の図2.1.1の数値を，右の表2.1.1の②列に，**降順**（大から小へ）で並べて書きます。

◎その結果として，発見・理解できた事項を記述してください。

発見・理解

表2.1.1 なるほど！

番号	①列	②列
1		
2		
3		
4		
5		
6		
7		
8		
9		
10		
11		
12		
13		
14		
15		

H2.1.2

◎図2.1.1のように数値がデタラメ（ランダム）に散らばっているとデータの意味が分かりにくいです。そこで，表2.1.1のように昇順または降順で数値を並べ替えると分かりやすくなります。空欄を数値で埋めてください。

☆最小値＝〔　　　　　　　〕

　◇データの中で最小に位置する値を**最小値**と呼びます。

☆最大値＝〔　　　　　　　〕

　◇データの中で最大に位置する値を**最大値**と呼びます。

☆中央値＝〔　　　　　　　〕

　◇データの中で真ん中に位置する値を**中央値**と呼びます。

　◇データ数が**奇数**（1，3，5，……）ならば，中央の値になります。

　◇データ数が**偶数**（2，4，6，……）ならば，中央となる位置の前後の値を加算して，加算値を2で除算して中央値を推定します。

第2章 データの要約

(2) 平均値を計算

Q2.1.3

データの数値が量的尺度（間隔尺度と比率尺度➡§1.2.3）であるとき，平均値を計算して，データを要約する代表値として使うことができます．表2.1.2の計算を試みて，平均値の意味を理解してください．

表2.1.2 わかった！

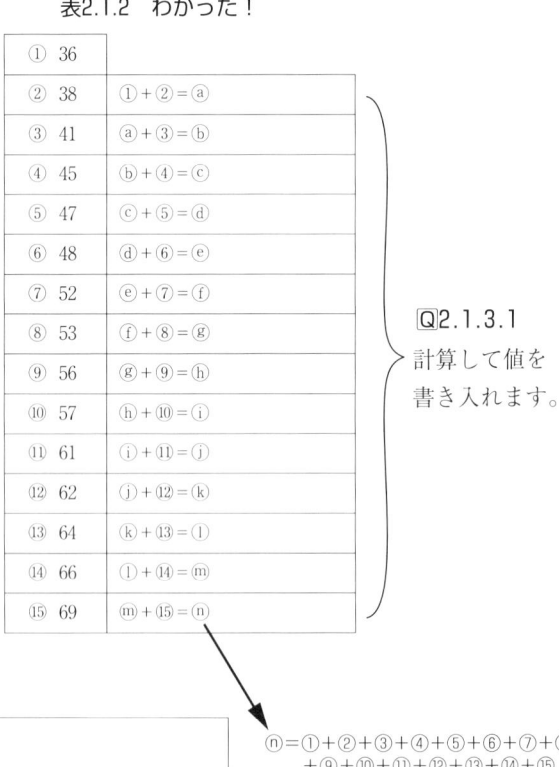

①	36	
②	38	①+②=ⓐ
③	41	ⓐ+③=ⓑ
④	45	ⓑ+④=ⓒ
⑤	47	ⓒ+⑤=ⓓ
⑥	48	ⓓ+⑥=ⓔ
⑦	52	ⓔ+⑦=ⓕ
⑧	53	ⓕ+⑧=ⓖ
⑨	56	ⓖ+⑨=ⓗ
⑩	57	ⓗ+⑩=ⓘ
⑪	61	ⓘ+⑪=ⓙ
⑫	62	ⓙ+⑫=ⓚ
⑬	64	ⓚ+⑬=ⓛ
⑭	66	ⓛ+⑭=ⓜ
⑮	69	ⓜ+⑮=ⓝ

Q2.1.3.1 計算して値を書き入れます．

Q2.1.3.2
計算して空所を埋めます

$M = ⓝ ÷ N$
$\quad = [\quad\quad] ÷ [\quad\quad]$
$\quad = [\quad\quad]$

ⓝ = ①+②+③+④+⑤+⑥+⑦+⑧+⑨+⑩+⑪+⑫+⑬+⑭+⑮
$= \Sigma X$　※Σ（シグマ）
= 全データの数値Xを加算

平均値 $M = \Sigma X ÷ 全データ数 N$

Q2.1.4

人の体重は発達によって変化します。下表2.1.3で年齢を発達の指標にしてデータを要約的に表現しました。それぞれの平均値を計算して、どのような違いが現れているかを分析して、その意味を考察してください。
◎平均値は、小数点以下第2位を四捨五入して(→A1.1.4)、第1位まで書きましょう。

表2.1.3 発達によって応じて変化する体重 (単位:kg)

番号	①小学1年 男	②小学1年 女	③高校1年 男	④高校1年 女	⑤二十歳 男	⑥二十歳 女
1	15	13	41	36	46	36
2	17	15	42	40	51	38
3	18	16	46	42	53	41
4	19	17	48	45	55	45
5	20	18	50	48	56	47
6	21	19	51	50	57	48
7	22	21	53	52	58	52
8	23	22	55	53	59	53
9	24	23	57	54	60	56
10	25	24	58	55	64	57
11	26	25	59	58	65	61
12	27	26	60	59	68	62
13	28	27	63	60	70	64
14	31	28	65	62	72	66
15	32	29	69	64	74	69
N						15
ΣX						795
M						53.0

§2.2 分布のグラフ

> テーマ2.2
> 統計処理をするのは，一つひとつのデータ値が主関心ではなく，データ値の集合が，全体として特定の意味を持つかどうかを判定することが目的になるからです。データの全体が表している意味を発見的に理解するために，まず最初にデータをグラフ化して全体を見えやすくします（可視化）。グラフを描画してみると，データの意味が分かりやすくなります。データ処理の経験を積むほど，適切に可視化できるようになります。では，始めましょう。

(1) 度数分布

◎統計処理するためには，データが数値化されていなければなりません。

☆質的変数

◇**名義尺度／順序尺度**（➡§1.2.3）で数値化された変数は質的です。
◇単位量とゼロ点を持たないので，数値を加減乗除できません。
◇質的なカテゴリに入る件数を**度数**または**頻度**と呼びます。
◇カテゴリ度数の全体を表現して**度数分布**と呼びます。
◇下の表2.2.1はカテゴリ度数を表現しています。

☆量的変数

◇**間隔尺度／比率尺度**（➡§1.2.3）で数値化された変数は量的です。
◇間隔尺度は単位量で規約されますが，相対ゼロなので，加減算は可能ですが，乗除算は不能です。
◇比率尺度は規約された単位量と絶対ゼロを持つので，加減乗除算が可能です。物理学などの諸分野で数値と言えば比率尺度が前提になりますが，心理学では比率尺度はほとんど適用できません。

表2.2.1　あるリストで頻出する姓の上位20

1.	佐藤	19人	6.	伊藤	10人	11.	加藤	8人	16.	松本	6人
2.	鈴木	17	7.	山本	10	12.	吉田	8	17.	井上	6
3.	高橋	14	8.	中村	10	13.	山田	8	18.	木村	5
4.	田中	13	9.	小林	10	14.	佐々木	7	19.	林	5
5.	渡辺	11	10.	斎藤	9	15.	山口	6	20.	清水	5

§2.2 分布のグラフ

Q2.2.1
　前頁の表2.2.1のデータを使って，下の図2.2.1の棒グラフと折れ線グラフを完成してください。

　※とりわけグラフを描くときは，パソコンでエクセルを操作すると，楽々と種々のグラフ化が可能なため，可視化の能力を養成するために効果的です。できる人はエクセルを駆使してください。

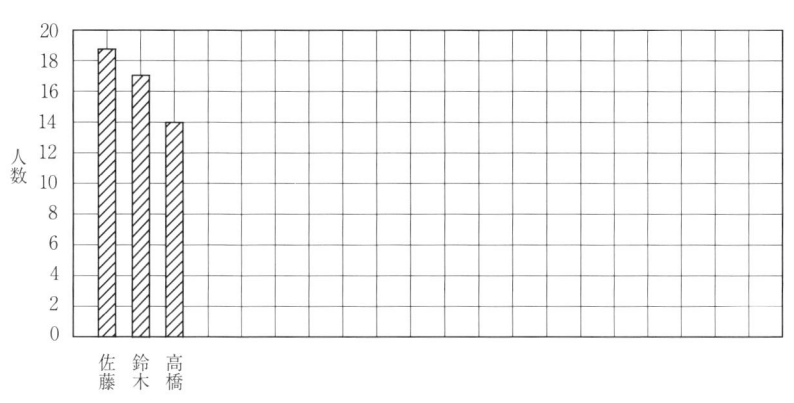

図2.2.1a　棒グラフ

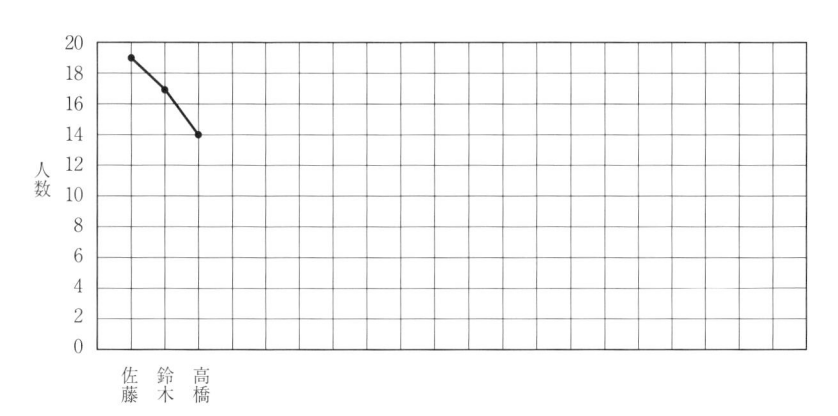

図2.2.1b　折れ線グラフ

第2章　データの要約

> **Q2.2.2**
> 表2.2.1のデータを使って，下の図2.2.2の棒グラフと折れ線グラフを完成してください．図2.2.1と較べると適用するルールが変わると描かれたグラフの印象が変わります．味わってください．
> ☆図2.2.1のようにグラフ化すると，だんだんと減少（または上昇）する様子が分かりやすくなります．
> ☆図2.2.2のようにグラフ化すると，富士山のような形になって，度数が分布する様子が分かりやすくなります．

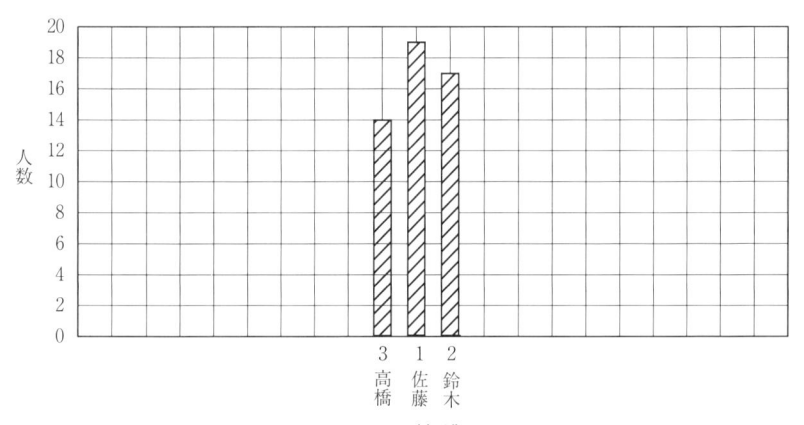

図2.2.2a　棒グラフ

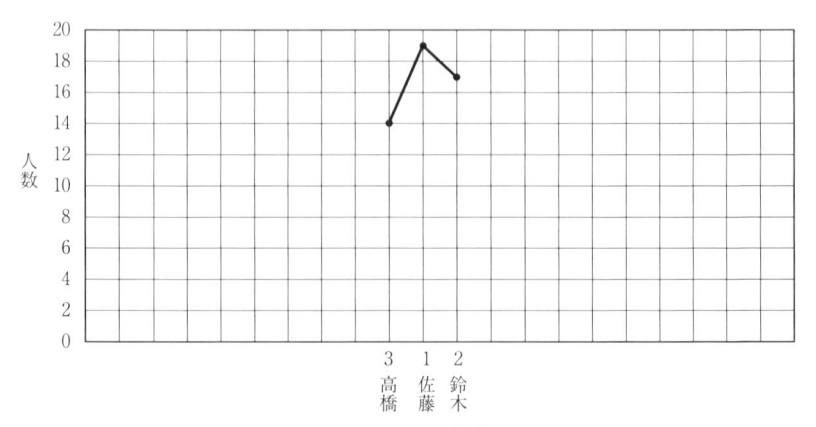

図2.2.2b　折れ線グラフ

(2) 量的変数の度数分布

> **Q2.2.3**
> ◎以下を読んで理解しながら，空欄を埋めてください。
> ☆ある中学1年で，男子の国語得点を並べると図2.2.3のようになりました。
> ◇データ値を昇順または降順で並べると以下の統計値が分かります。
> 最小値／最大値／範囲／中央値／平均値
> ◇最大値と最小値で〔　　　〕を計算すれば先生の期待どおり得点が収まったかどうかを判定できます。
> ◇〔　　　〕でもよいのですが，〔　　　〕を計算すれば，全得点の重心になる値を知ることができます。
> ☆試験をするのは，学期ごとの変化を得点を指標にして知りたいからです。得点が変化する理由を考えてください。
>
> ┌─────────────────────────────┐
> │   │
> │   │
> │   │
> │   │
> └─────────────────────────────┘
>
> ☆変化を追いかけるためには，平均値や中央値だけでは不十分です。
> ◇先生はそのつど，これくらいの平均値と範囲値になればと期待して，試験問題を作ります。つまり，難しすぎないようにと易しすぎないようにと配慮して，試験範囲を反映させた問題を作成します。
> ◇範囲値は，たまたま〔できた／できなかった〕という偶然の条件に左右され〔やすい／にくい〕ので，指標として〔良い／良くない〕のです。安定的な統計値で指標を構成しなければなりません。

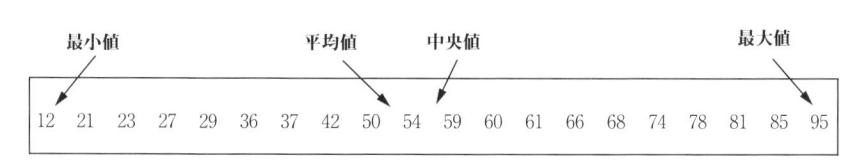

　　　　　　　最小値　　　　　　　　　**平均値**　　**中央値**　　　　　　　　　　　**最大値**

| 12 | 21 | 23 | 27 | 29 | 36 | 37 | 42 | 50 | 54 | 59 | 60 | 61 | 66 | 68 | 74 | 78 | 81 | 85 | 95 |

中央値（メディアン Md）＝ (54 + 59) ÷ 2 = 56.5　　　　→ H 2.1.2
平均値（ミーン M）＝ Σ X ÷ N ＝ 1058 ÷ 20 = 52.9　　→ §2.1.2
範囲（レンジ R）＝ 最大値 − 最小値 ＝ 95 − 12 = 83

図2.2.3　国語得点の分布：ある中学1年の男子

H2.2.3

◎図2.2.4の左ⓐは，百点（0～100）を10カテゴリに刻み分けて，それぞれのカテゴリに図2.2.3の得点が入るように描いた**度数分布**です。

☆カテゴリを区分ける範囲は，任意に決めてかまいません。しかし，その区分けルールがデタラメだとグラフは意味を喪失します。

☆量的変数（➡§2.2.1）で区分けの範囲を設定したカテゴリの棒グラフを**ヒストグラム**と呼びます。

◎図2.2.4でⓐの度数分布を，ⓑの近似的な**正規分布**と比較すると，例えば，以下のような洞察を導くことができます。

☆ⓐの中央部カテゴリ④⑤が，ⓑに較べて低い。

◇できる生徒と，できない生徒との二極が分化する兆候です。

◇ⓐの③がⓑに較べて高いことは，二極化に向かう顕著な兆候です。

☆先生は，低得点群（①～⑤）の生徒一人ひとりを思い浮かべて，学習の様子を分析して，何らかの対処をしなければならないようです。

☆学習の進行を左右する条件を2種に分けることができます。

◇内的条件：生徒の能力，意欲，など。

◇外的条件：先生の指導力，意欲，教材，など。

カテゴリ	ⓐ測定値の分布		ⓑ近似の正規分布	
	度数	ヒストグラム	度数	ヒストグラム
① 0 ～ 9	0			
② 10 ～ 19	1	▨		
③ 20 ～ 29	4	▨▨▨▨	1	▨
④ 30 ～ 39	2	▨▨	2	▨▨
⑤ 40 ～ 49	1	▨	4	▨▨▨▨
⑥ 50 ～ 59	3	▨▨▨	5	▨▨▨▨▨
⑦ 60 ～ 69	4	▨▨▨▨	4	▨▨▨▨
⑧ 70 ～ 79	2	▨▨	2	▨▨
⑨ 80 ～ 89	2	▨▨	1	▨
⑩ 90 ～ 100	1	▨		

平均値=52.9

図2.2.4　ヒストグラム：データ分布と正規分布の比較

Q2.2.4

表2.1.3の小学1年男女30名について，ヒストグラムを下の図2.2.5のように作成することができます。前頁の図2.2.4に準拠し，図2.2.5を見本にして，残りの図2.2.6と図2.2.7を完成してください。

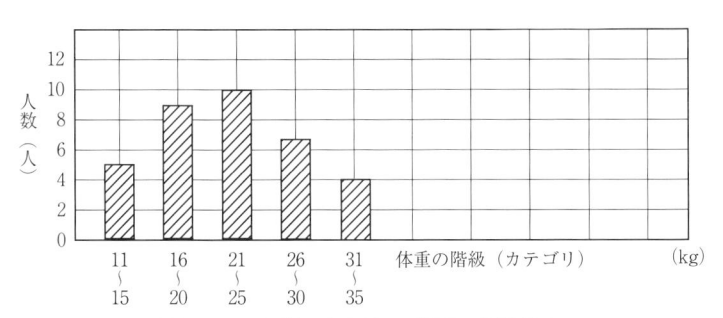

図2.2.5　小学1年男女：体重の度数分布

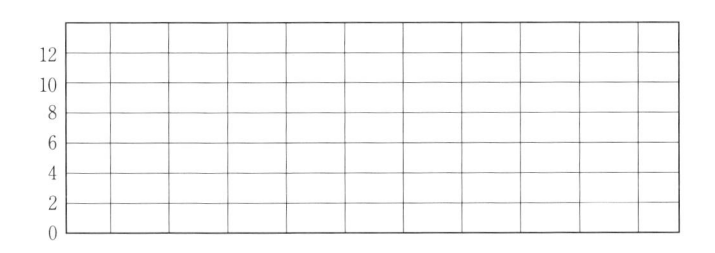

図2.2.6　高校1年男女：体重の度数分布

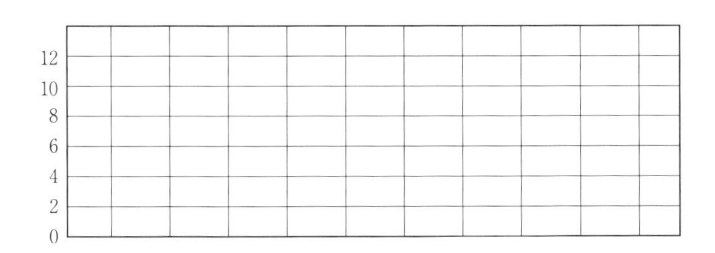

図2.2.7　20歳男女：体重の度数分布

(3) 度数分布の読み取り

◎データを度数の分布でグラフ化してみると，いろいろな意味を読み取ることができます。分布の形状で分類してみると，ほぼ下図2.2.8で提示した6種類のどれかに対応づけて考察できます。

　☆釣り鐘型をした①の正規分布は，理論的に定義されている分布形状です。あとで他の理論分布と一緒に解説します。

◎中学1年を終える頃の生徒を想定して，教科試験の得点を図2.2.8の6種類に対応づけて考察してみます。ただし，もっともらしい説明です。

　☆正規分布を基準にして，それぞれの分布のズレを考えます。

　☆中1で初めて学ぶ英語は，右に偏った分布②になる傾向があります。

　　　◇初めての教科だから，生徒も興味を持って熱心に学びます。

　　　◇先生も生徒が落ちこぼれないように配慮して試験も易しくします。

　☆生徒の関心が薄い教科は，試験を重ねるにつれて分布③になるようです。

　　　◇生徒に関心がなければ，先生も授業を工夫する意欲を失います。

　☆分布④の典型が数学で，できる／できないの差が大きすぎます。

　　　◇できない生徒はあきらめているだけに，指導が大変です。

　☆試験問題を易しくすると分布⑥の傾向が現れます。

　　　◇できる生徒だけを集めた学校では分布⑥になります。

　☆特別な条件が関与しないと，分布⑤は現れません。

　　　◇何か特別の理由が関与しているはずなので分析が必要です。

　☆経験を重ねると，分布を見るだけで隠れた条件を洞察できるでしょう。

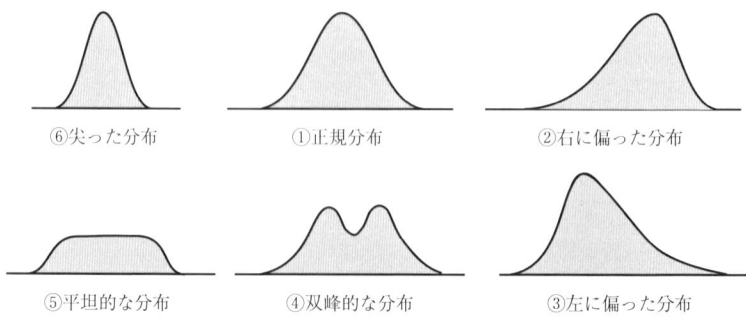

⑥尖った分布　　①正規分布　　②右に偏った分布

⑤平坦的な分布　　④双峰的な分布　　③左に偏った分布

図2.2.8　分布タイプの典型的な形状の分類

§2.3 分布特性の統計値の算出

> テーマ2.3
> データは散らばっているのですが，その特性を把握するために量的データの場合は，必ず平均値と標準偏差値を計算してペアで提示するのが原則です。**平均値は，データを代表する重心**（バランスが取れる位置）を表す統計値です。標準偏差値はデータの**バラツキの程度**を表す統計値です。一方だけでは，データの特性をうまく把握しきれません。必ずペアで提示します。

(1) 平均と標準偏差

◎下図2.3.1を見てください。簡単な概念図ですが，以下の2要件を理解できるはずです。分からなかったら恥ずかしがらずに積極的に周囲の友人たちと検討してください。
　　☆この図では，バランス点（▲）の位置が重さと長さとの積算によって変化することがモデル化されています。
　　☆バランスを取るためには，そのつど適切なバランスの重心を計算して，能動的に変化させて対応しなければなりません。

◎**平均M**（mean）は，図2.3.1に対応づけると，バランスの取れた重心（▲）の位置を表します。
　　☆データの特性を適切に認識するために，データが重心のあたりに集中しているのか，それとも散らばっているのかを知る必要があります。
　　☆データの散らばり度を統計値の**標準偏差SD**（standard deviation）で表現します。
　　　　◇SDの値が大きいほど，データが散らばっています。
　　　　◇SDの値が小さいほど，データが重心のあたりに集中しています。

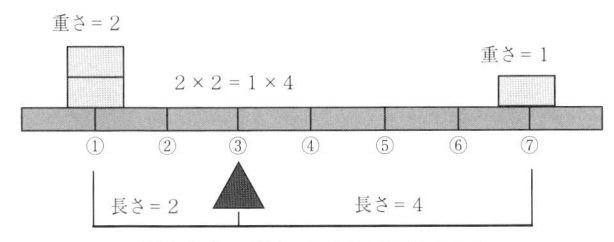

図2.3.1　バランスの直感的な理解

(2) 算出の過程

Q2.3.1

◎表2.3.1の空欄を埋めながら，**標準偏差 SD** の意味を理解してください。

　☆ΣDを計算するとゼロになります。言い換えると，**偏差**の合計値がゼロになるように**平均値**を決めるのです。

　☆Dを二乗すると，例えば〔−2〕の負値も〔＋2〕の正値も，正値〔4〕になります。負値と正値を打ち消すことがD^2の意図です。

　☆ΣD^2の平均値は，ルート（平方根）を算出して求めます。

表2.3.1　標準偏差 SD の計算手続

	データ X	偏差D X−M＝D	偏差の二乗D^2 D×D＝D^2
①	36	36−53＝−17	(−17)×(−17)＝289
②	38	38−53＝−15	(−15)×(−15)＝225
③	41		
④	45		
⑤	47		
⑥	48		
⑦	52		
⑧	53		
⑨	56	56−53＝＋3	(＋3)×(＋3)＝9
⑩	57		
⑪	61		
⑫	62		
⑬	64		
⑭	66		
⑮	69		

合計値　ΣX＝795　　ΣD＝〔　　〕　ΣD^2＝〔　　　　〕

平均値M＝ΣX÷N
　　　　＝795÷15＝53

標準偏差値 SD＝$\sqrt{\Sigma D^2 \div N}$
　　　　　　＝$\sqrt{100}$＝10

§2.3 分布特性の統計値の算出

> **Q2.3.2**
> 前頁の表2.3.1の手続を参照して，下の表2.3.2について空欄を埋めながら，平均値Mと標準偏差値SDを計算してください。

表2.3.2 平均と標準偏差

番号	①小1男			②高1男			③20歳男		
	体重 X	偏差 D	偏差二乗 D^2	体重 X	偏差 D	偏差二乗 D^2	体重 X	偏差 D	偏差二乗 D^2
1	15			41			46		
2	17			42			51		
3	18			46			53		
4	19			48			55		
5	20			50			56		
6	21			51			57		
7	22			53			58		
8	23			55			59		
9	24			57			60		
10	25			58			64		
11	26			59			65		
12	27			60			68		
13	28			63			70		
14	31			65			72		
15	32			69			74		

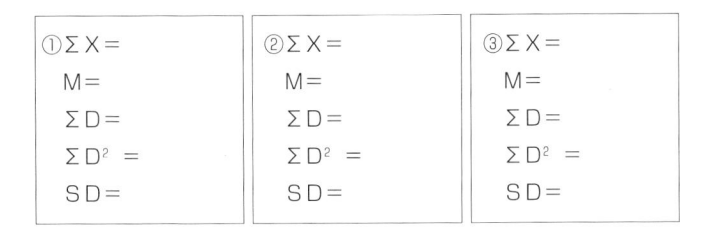

① $\Sigma X =$
　$M =$
　$\Sigma D =$
　$\Sigma D^2 =$
　$SD =$

② $\Sigma X =$
　$M =$
　$\Sigma D =$
　$\Sigma D^2 =$
　$SD =$

③ $\Sigma X =$
　$M =$
　$\Sigma D =$
　$\Sigma D^2 =$
　$SD =$

第3章 変数間の関係を分析

　前の第2章では「要するに，このようなデータだ」と要約する考え方と扱い方を紹介しました。データの値について，質的変数（名義尺度と順序尺度）と量的変数（間隔尺度と比率尺度）の区別（→§1.2.3）に注意をしてください。次頁の図3.1.1に表す尺度の水準に応じて，統計処理の方法が制限されます。

§3.1　変数のセット化

> テーマ3.1
>
> 　**変数**（variable）は，取りうる値の集合で定義されます。前章では1変数を問題にしましたが，本章では2変数の**セット**（set：組み合わせ）を問題にします。同じ考え方を多変数に拡大すると，複雑な現象の統計解析が可能になりますが，本書では2変数までにとどめます。

(1) 変数の尺度化

◎統計処理を実行する前に，データに尺度を適用して数値で表現します。
　　☆数値に適切に変換すれば，統計処理が可能なデータになります。
　　☆言語記述や写真などのデータは，そのままでは統計処理できません。
◎変数とは，図3.1.2のような尺度を使って測定される数値の集合を意味します。その尺度に図3.1.1で意義づけた4種があります。
　　☆名義尺度は，同じカテゴリの頻度（出現回数）を表す数値です。
　　☆順序尺度は，順序を表す数値で，数値間の量は問題にしません。
　　☆間隔尺度は，相対ゼロを基準にして数値間の量を算出できます。
　　☆比率尺度は，絶対ゼロを基準にして数値間の倍数を演算できます。
◎図3.1.3の数システムは，比率尺度の水準を表します。統計処理は，有理数（→図3.1.3）の範囲を対象化します。
　　☆図3.1.4で言い換えてみると，統計処理は計数可能なデータと測定可能なデータに対して適用されます。

図3.1.1　データの尺度化（→ §1.2.3）

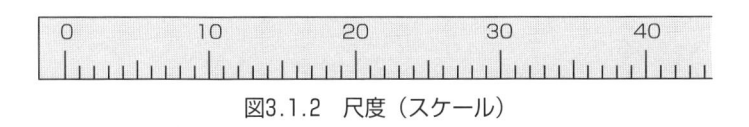

データ ─┬─ 質的（定性変数）─┬─ 名義尺度 ─┐
　　　　│　　　　　　　　　　└─ 順序尺度 ─┴─ ノンパラメトリック統計
　　　　└─ 量的（定量変数）─┬─ 間隔尺度 ─┐
　　　　　　　　　　　　　　　└─ 比率尺度 ─┴─ パラメトリック統計

図3.1.2　尺度（スケール）

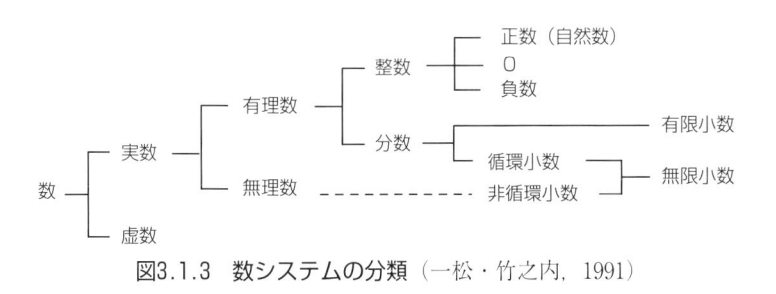

図3.1.3　数システムの分類（一松・竹之内，1991）

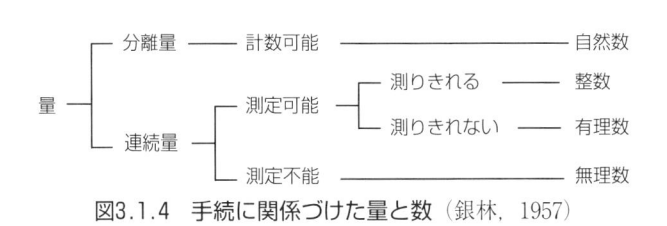

数 ─┬─ 実数 ─┬─ 有理数 ─┬─ 整数 ─┬─ 正数（自然数）
　　│　　　　│　　　　　│　　　　├─ 0
　　│　　　　│　　　　　│　　　　└─ 負数
　　│　　　　│　　　　　└─ 分数 ─┬──────────── 有限小数
　　│　　　　│　　　　　　　　　　├─ 循環小数
　　│　　　　└─ 無理数 ─ ─ ─ ─ ─ └─ 非循環小数 ─ 無限小数
　　└─ 虚数

図3.1.4　手続に関係づけた量と数（銀林，1957）

量 ─┬─ 分離量 ─── 計数可能 ─────────────── 自然数
　　└─ 連続量 ─┬─ 測定可能 ─┬─ 測りきれる ─── 整数
　　　　　　　　│　　　　　　└─ 測りきれない ─ 有理数
　　　　　　　　└─ 測定不能 ──────────────── 無理数

第3章　変数間の関係を分析

(2) 点データ

Q3.1.1

下の図3.1.5では，変数Xと変数Yの数値セットで定義された点データの集合が表現されています。空欄を適切な数値で埋めてください。

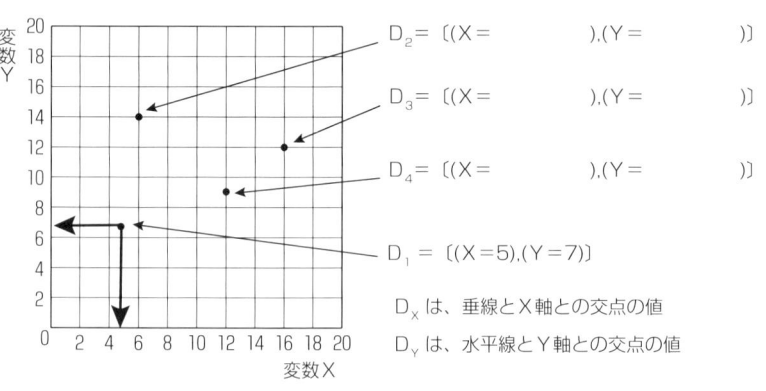

$D_2 = 〔(X = \qquad),(Y = \qquad)〕$

$D_3 = 〔(X = \qquad),(Y = \qquad)〕$

$D_4 = 〔(X = \qquad),(Y = \qquad)〕$

$D_1 = 〔(X = 5),(Y = 7)〕$

D_X は，垂線とX軸との交点の値
D_Y は，水平線とY軸との交点の値

図3.1.5　変数値のセットを表す点データ

H3.1.1

◎上の図3.1.5で，点データのD_1は〔5，7〕でセット化された状態です。
　☆一方の〔5〕は，点D_1からの垂線（↓）と交わるX値を表します。
　☆他方の〔7〕は，D_1からの水平線（←）と交わるY値を表します。
　☆点データは〔X値，Y値〕のセットを意味します。
◎横軸の変数Xと縦軸の変数Yは，それぞれ数値の集合を表します。
　☆図3.1.5では，変数Xを〔0，1，2，3，……，20〕の整数（➡図3.1.3）
　　で集合化して，変数Yも〔0，1，2，3，……，20〕の整数で集合化して
　　あります。
　☆変数値を〔0〜20〕に限定したのは実用的な意味です。その範囲内で，
　　散らばっている全データを収めることができるからです。
　　　　◇もっと広く散らばったデータでは，変数値の範囲を拡大します。
　　　　◇逆に，もっと密集したデータならば，変数値の範囲を狭めます。
　☆表示した変数の値を，1点刻みではなく2点刻みにしました。これも，
　　実用的に十分だと判断したうえでの工夫です。

§3.2 散布図の読み取り

> テーマ3.2
> 平面（2次元）グラフの上に描かれた点データは，2つの変数Xと変数Yに関する数値のセット（組み合わせ）で定義される状態です。3次元グラフならば3変数でセット化されます。そして，そのセットが表す組み合わせ方のルールを関係（relationship）と呼びます。

(1) ともかく並べなおす

> Q3.2.1
> 下の図3.2.1を見ても，意味が分かりにくいでしょう。表3.2.1の①で変数セットを一覧できるが，やっぱり分かりにくい。表3.2.1の②でXを基準にして昇順または降順で並べなおすと「なるほど！」と分かるはずです。何が読み取れたかを書いてください。

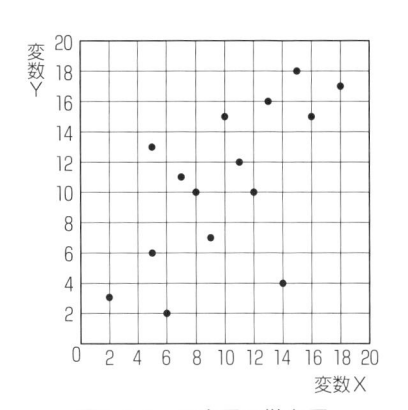

図3.2.1　2次元の散布図

読み取り

表3.2.1　データ集合

②Xの値で昇順の再配列 ← ①適当に配置

続けてYを基準にして並べて、違いを観察してみよう。

	①		②	
	X	Y	X	Y
1	12	10		
2	6	2		
3	5	13		
4	16	15		
5	5	6		
6	8	10		
7	13	16		
8	9	7		
9	11	12		
10	2	3		
11	10	15		
12	14	4		
13	7	11		
14	15	18		
15	18	17		

第3章　変数間の関係を分析

Q3.2.2

図3.2.2／図3.2.3の点が表す変数セットを適切な順序で表3.2.2／表3.2.3に書き入れて，読み取ることができた意義を書いてください。

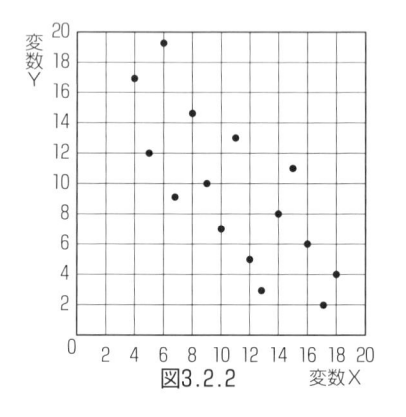

図3.2.2

読み取り

表3.2.2

	1	2	3	4	5	6	7	8	9	10	11	12	13	14	15
X															
Y															

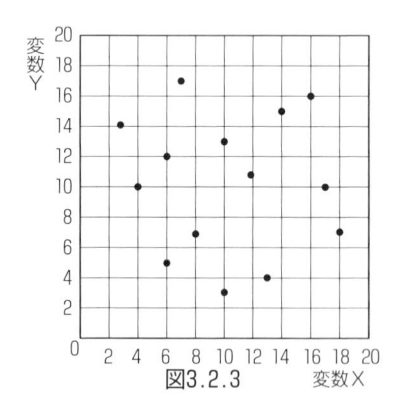

図3.2.3

読み取り

表3.2.3

	1	2	3	4	5	6	7	8	9	10	11	12	13	14	15
X															
Y															

(2) 具体例の関係分析

Q3.2.3

①身長と体重はどのような関係でしょう。適切な表現を選んでください。
　　1．背の高い人ほど，体重は〔重い／軽い〕。
　　2．背の低い人ほど，体重は〔重い／軽い〕。

②身長と知能指数の関係について，以下のように表現してもいいですか，だめですか？判断して理由を述べてください。
　　1．背の高い人ほど，知能指数が**高い**。
　　2．背の低い人ほど，知能指数が**低い**。

> 判定：よい／だめ
> 理由

③クロスワードパズルを完成させる時間と，知能指数の関係を考えて，空所を埋めるのに適切な表現を選んでください。
　　1．知能指数が高い人ほど，パズルを解く時間が〔短い／長い〕。
　　2．知能指数が低い人ほど，パズルを解く時間が〔短い／長い〕。

H3.2.3

◎変数Aと変数Bの関係と言うとき，以下の3種を区別します。
　　☆**因果関係**：条件Aによって結果Bが発生すると認められる。
　　☆**相関関係**：因果関係は認められないが，大まかに見ると，一方の変化と他方の変化との間に共変する関係が認められる。
　　　◇**正相関**：変数Aの増大と変数Bの増大が共起する。　➡図3.2.1
　　　◇**負相関**：変数Aの増大と変数Bの減少が共起する。　➡図3.2.2
　　　◇**無相関**：変数Aの変化と変数Bの変化が共起しない。➡図3.2.3
◎「風が吹けば，桶屋がもうかる」（➡Q1.1.1）ことも「ネコが減ると，ネズミが増える」（➡Q1.1.3）ことも，因果関係ではなく相関関係を表現します。つまり，点データの**散布図**は［正相関／負相関／無相関］のどれかに類似，または近似しています。

第 3 章　変数間の関係を分析

> **A3.2.3①**
>
> 　下の表3.2.4の身長と体重のデータ（20名分）の**散布図**を，図3.2.4に描画しましょう。例として，1番目の人のデータ（身長149 cm，体重42 kg）を図にプロットしました。大雑把に言って，［正相関／負相関／無相関］のどれかを判断して，**Q3.2.3①**の正解を確認してください。

表3.2.4　身長と体重

	身長	体重		身長	体重		身長	体重		身長	体重
1	149	42	6	154	50	11	157	56	16	162	56
2	150	44	7	154	47	12	158	50	17	163	53
3	150	48	8	154	46	13	159	53	18	163	58
4	151	41	9	156	47	14	160	50	19	164	55
5	153	44	10	156	54	15	161	49	20	166	57

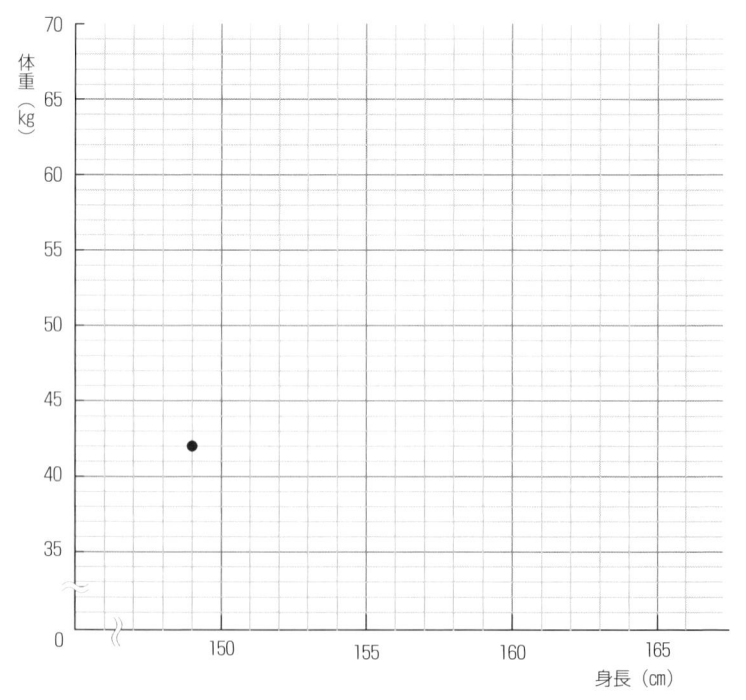

図3.2.4　身長と体重の散布図

A3.2.3②

表3.2.5は，20名分の身長と知能指数のデータです。図3.2.5に散布図を作成してください。そして，大雑把に言って［正相関／負相関／無相関］を判断して，Q3.2.3②の正解を意義づけなおしてください。

表3.2.5 身長と知能指数

	身長	知能
1	149	106
2	150	108
3	150	92
4	151	100
5	153	97

	身長	知能
6	154	90
7	154	109
8	154	88
9	156	103
10	156	94

	身長	知能
11	157	112
12	158	97
13	159	112
14	160	94
15	161	89

	身長	知能
16	162	104
17	163	96
18	163	111
19	164	91
20	166	107

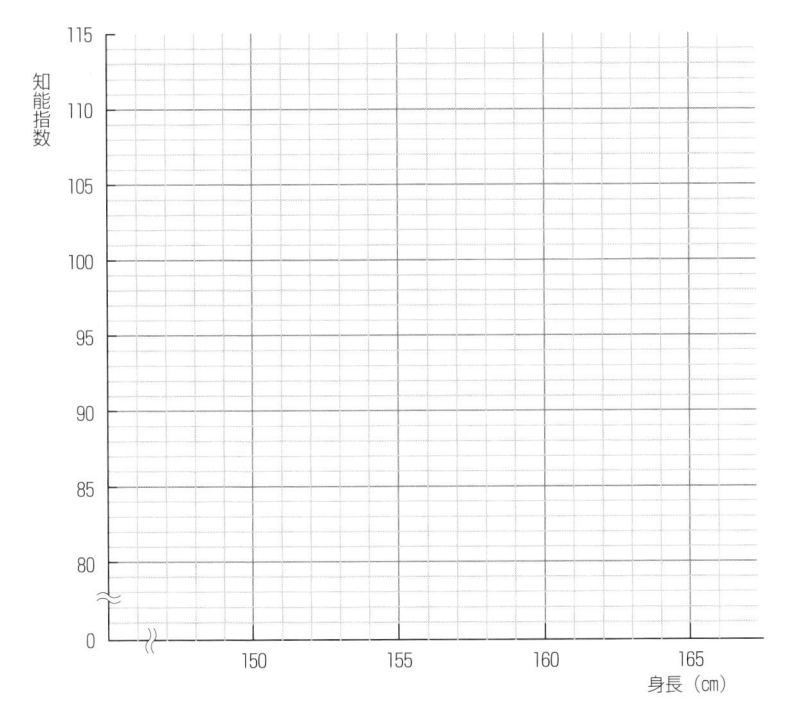

図3.2.5 身長と知能指数の散布図

第3章 変数間の関係を分析

A3.2.3③

表3.2.6は、クロスワードパズルの完成時間（分）と知能指数のデータです。図3.2.6に散布図を作成しましょう。そして、[正相関／負相関／無相関]を判定して、Q3.2.3③の正解を確認してください。

表3.2.6　パズルの完成時間と知能指数

	知能	時間
1	114	7
2	114	5
3	113	8
4	113	3
5	112	6

	知能	時間
6	110	13
7	107	14
8	104	11
9	101	12
10	100	4

	知能	時間
11	99	15
12	98	15
13	94	17
14	92	26
15	91	22

	知能	時間
16	89	19
17	88	25
18	88	28
19	87	29
20	86	21

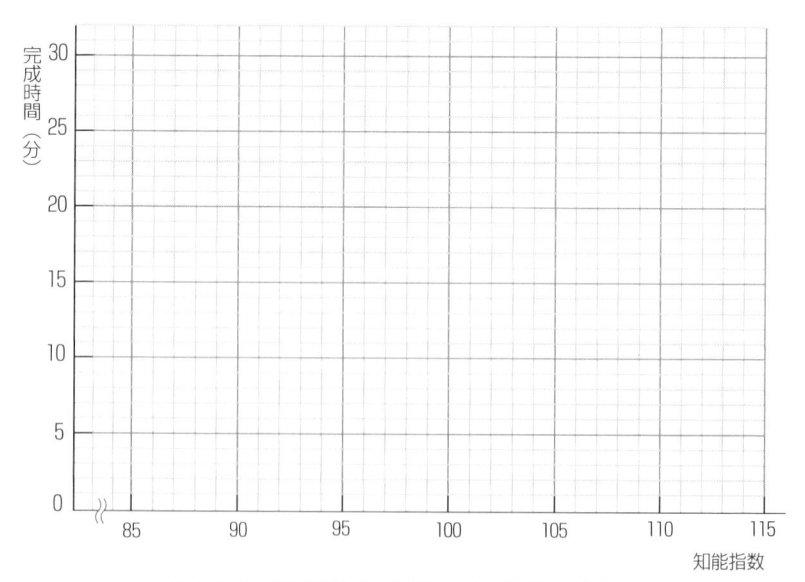

図3.2.6　知能指数とパズルの完成時間の散布図

§3.3 因果関係と相関関係

テーマ3.3

変数間の関係を問題にするとき，因果関係なのか相関関係なのかを明確に区別しなければなりません。とりあえず簡単に説明しました（→H3.2.3）。もう少し理解を深めて，より複雑な現象の分析を可能にする基礎を形成しておきましょう。今後も，機会を繰り返しながら認識の深化を促進します。

---

(1) 原因の帰属

Q3.3.1

図3.3.1で提示した@系列と⑥系列は動画のコマを表します。このような動画を見たとき，どのようなことを知覚するかを推測して書いてください。

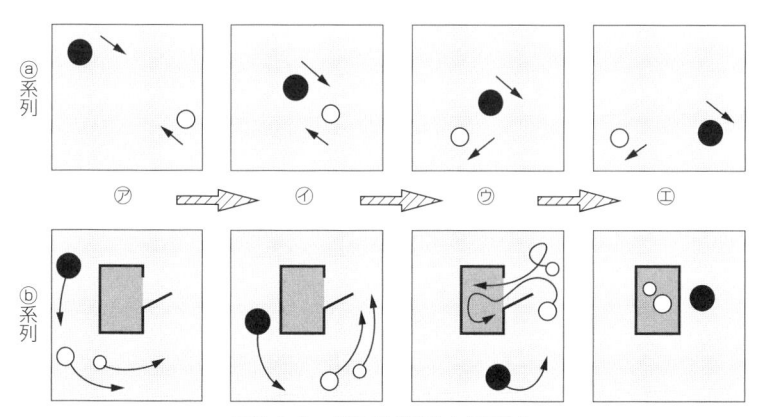

ⓐ系列	ⓑ系列

図3.3.1 原因を帰属する認知

※ Heider & Simmel (1944), Heider (1958; pp. 39-40) に準じて作図

Ⓐ3.3.1

図3.3.1で提示したパラパラの動画は，ハイダー（Heider, F.）による有名な実験に準じて作成しました。大学生に見てもらうと，その多数が以下のように答えます。

　事例ⓐ：黒丸が白丸に衝突して弾き飛ばした。
　事例ⓑ：黒丸が白丸を追いかけ，白丸は箱の中に逃げてドアを閉めた。

みなさんの答えはいかがでしたか。もちろん異なった知覚も可能ですが，以下では，大多数の答え方だと想定して話を進めます。

Ⓠ3.3.2

以下の説明を，空所を適切な表現で埋めながら読んでください。
◎事例ⓐも事例ⓑも〔物理学的／心理学的〕な解釈です。
　☆事例ⓐで，●と○の運動を［重量×速度］を基準にして評価してみると，〔物理学的／心理学的〕な解釈になります。
　　◇このとき［重量×速度］で表す慣性運動の数値が大きい●が，慣性運動の数値が小さい○を弾き飛ばしたと表現できます。
　　◇この「弾き飛ばし」という結果は，慣性運動値の差を条件とする〔因果関係／相関関係〕の表現です。
　☆事例ⓐで，●および○の運動状態を擬人化して「強者が弱者に勝つ」と説明するのは，〔物理学的／心理学的〕な解釈です。
　　◇このときは，強者の●が，行く手を遮る弱者の○を突き飛ばしたと言うこともできます。
　　◇この「突き飛ばし」という解釈は出来事における原因と結果に対応して〔います／いません〕。●を武蔵坊弁慶に，○を源義経として見立てると，身をかわしたと表現〔できます／できません〕。
　☆事例ⓐを「弾き飛ばし」と解釈することは，●と○との運動関係が発生した結果を見て，●と○の振る舞い方を擬人的に見立てて，その原因を解釈することなので**原因帰属**（causal attribution）と言います。
　　◇原因帰属は因果関係を表現して〔います／いません〕。帰属原因は結果から推測された原因なのだから，その結果に対して必然的だと〔言えます／言えません〕。
　　◇因果関係は，ある条件がある結果の発生に対して必然的に作用する関係性を意味します。

§3.3 因果関係と相関関係

A3.3.2
◎図3.3.1ⓑを見ると多数の学生が，●が追いかけて，○逃げて，箱の中に入ってドアを閉めたと解釈します。
　☆この解釈は，●と○が，例えばディズニー映画のネコとネズミの物語をイメージすれば妥当になります。けれども，同様の物語イメージを適用できなかった人は，でっちあげの解釈として理解します。
　☆原因帰属は心理学的な対応づけであり，ある人たちは妥当な解釈だと言って，他の人たちは不当な作り事だと言います。原因帰属は主観的な認知であり，客観的な因果関係を意味していません。
◎図1.1.1が因果関係の連鎖を典型的に示しています。条件Aと結果Bの関係は，揺らぎがあっても［AならばB：A⇒B］が終局します。例えばホルモン分泌が不十分だと縄張行動が現れても不全ですが，十分に分泌されると十全に展開します。

(2) 相関関係とは

Q3.3.3
1．表3.2.4の身長と体重のデータは，どんな人たちのデータでしょうか？　大人ですか子どもですか？　男性ですか女性ですか？　判断して，その理由を答えてください。

> 判定：大人／子ども　男／女
> 理由

2．表3.2.4のデータを根拠にすると，身長が［165 cm］の人は，たぶん体重は何 kg ぐらいになると予測できますか？　推測して理由を書いてください。

> 判定：〔　　　〕kg ぐらい
> 理由

第3章　変数間の関係を分析

|H|3.3.3
◎下の図3.3.2では，図3.2.4が表す点データの散布状態を見て一次直線を描画してみました。あくまでも直感的な理解の範囲を表しています。
　☆図1.1.3で問題にしたモデル構成の適用例です。つまり，全データ値の概括（丸め）を**線形**または**非線形**の線で表現します。
　☆**一次直線**を［Y＝aX＋b］と公式化します。
　　◇適当な2点を決めて，垂線のX値を読み取り，差をxとします。
　　◇同じ2点から引いた水平線のY値を読み取り，差をyとします。
　　◇［a＝y÷x］で，一次直線の傾きを算出します。
　　◇［b］はY切片で，直線がY軸と交わるY値を表します。
　　　※図3.3.2ではX値もY値も下の範囲が省略されているので，Y切片を直感的な値の［－107］で表しました。

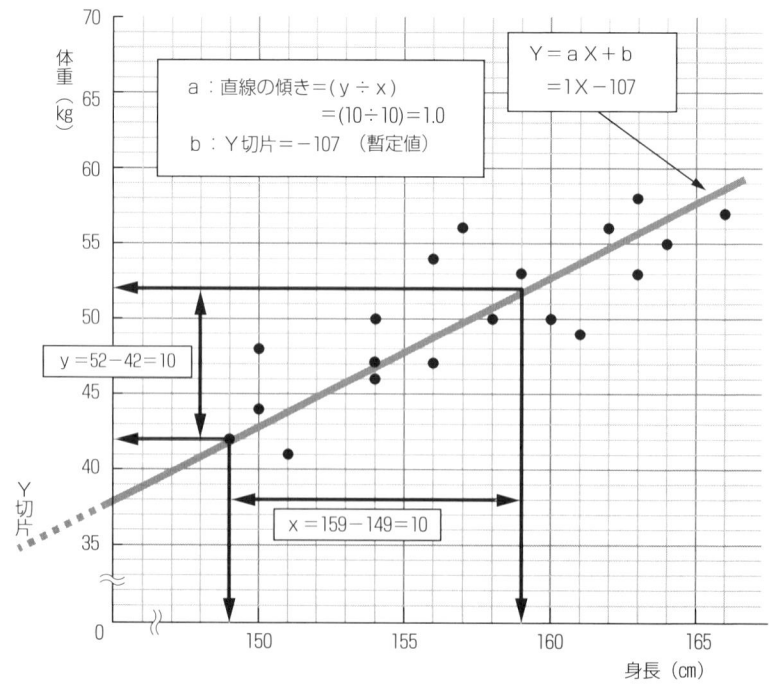

図3.3.2　散布状態を概括する一次直線（図3.2.4より）

A3.3.3

◎図3.3.2の散布図を根拠にして，以下のことが分かります。
　☆身長が高くなるにつれて，体重が重くなります。
　☆データの多くが，右上がりの一次直線の近辺に分布します。
　☆身長と体重の関係を線形（一次直線）でモデル化すれば，身長から体重を予測することが可能になります（➡§1.1.5）。
　　　◇身長が165 cmならば，体重は60 kgぐらいになると予測できます。
　　　　　$Y = aX + B$
　　　　　$Y = (1 \times 165) - 107 = 58$
　☆図3.3.2では直感的に一次直線を引きました。
　　　◇**相関関係**とは，2変数の関係を線形の一次直線で表現する扱い方を意味します。その計算式は次の第4章で紹介します。
　　　◇2変数の関係が，線形かどうか判断するとき**相関分析**と呼びます。
　　　◇線形でないと判断できたとき**無相関**と言います。ただし，無相関でも**非線形の関係**（➡図1.1.3）があれば**無関係**ではありません。
　　　◇2変数の関係を一次直線でモデル化して，予測を可能にする技法を**回帰分析**と言います。次の第4章で説明します。

◎直線的な関係性をモデル化してデータを処理するとき，一般化できる範囲に注意を向けておくことが必要です。
　☆図3.3.2が表す身長の平均値は157 cmで，体重の平均値は50 kgなので，日本人の成人女性に関するデータだろうと推測できます。
　☆だから，日本成人男性の体重を予測するときは不適切になるはずです。まず，日本人の成人男性に関するデータを収集して，その身長と体重に関する散布図を描いて，回帰分析を適用します。

◎予測性の高い回帰直線を定義できたときには，その相関関係を因果分析的に認識することが可能になります。
　☆しかし，相関分析は因果関係に対して示唆的な範囲にとどまります。
　☆因果関係を立証するためには，実験的な操作と結果の関係を表すデータを根拠にしなければなりません。第8章で検討します。

第4章 相関係数と回帰分析

本音を言いますと,本章ぐらいからパソコンで表計算ソフトや統計ソフトを使えると,説明も学習もとても楽になります。しかし,訳が分からない段階で強力なソフトを使うと,次々と計算値が打ち出されて圧倒されます。だから,本書ではあえて不便な手計算の方式を選択して,訳が分かるようになるように導いてゆきます。手計算の苦労を思えば,データ数を小さくして問題の骨格を浮き上がらせる工夫が必要になります。その結果,少し不自然なデータだなと感じられるときがあるかもしれません。意図を察して理解してください。

§4.1 回帰直線

テーマ4.1

2変数の関係を線形(➡図1.1.3)でモデル化します。そのモデルにデータが適合するかどうかを,係数(数値で指標化)で判定する方法を学びます。

---

(1) 主観の客観化

Q4.1.1

以下の文を読んで空所を埋めてください。
◎2変数値のセットを表す点データの散布図において,〔線形/非線形〕で関係づけることができたとき相関関係を認めます。
　☆前章では直感的に相関分析を試みました。
　　◇図3.2.2ならば,〔正相関/負相関/無相関〕を認めてもよいと思われる散布状態です。
　　◇図3.2.1は大雑把には〔正相関/負相関/無相関〕だと思われるのですが,認めるには逸脱度が大きすぎる点が気になります。
　　◇図3.2.3は〔正相関/負相関/無相関〕だと認めてよいでしょう。
　☆このように判定はできるようですが,あくまで直感的な判断なので,確信が〔あります/ありません〕。
　　◇統計学的な判断の基準が必要です。

(2) 回帰直線の原理

Q4.1.2
図と表と解説を照合させながら理解して，表4.1.2の空所部分と計算の空所に適切な数値を記入してください。

図4.1.1 仮想の散布状態

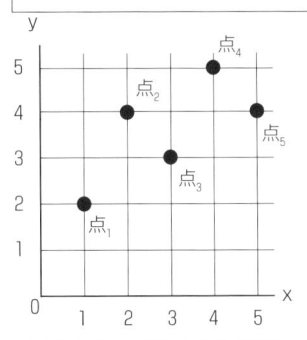

表4.1.1 仮想値のセット

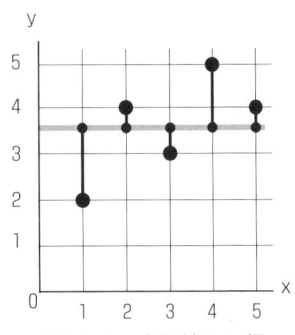

	点$_1$	点$_2$	点$_3$	点$_4$	点$_5$
X	1	2	3	4	5
Y	2	4	3	5	4

図4.1.2 水平線に回帰

回帰直線の方程式（←図4.1.2）
$$Y = aX + b = 0X + 3.6$$
　　直線の傾き：$a = y \div x$
　　　　　　　　$= 0 \div 1 = 0$
　　Y切片：$b = 3.6$
$D = Y - \hat{Y}$
　　D：偏差
　　Y：点に対応するY値
　　$\hat{Y}$（ワイハット）：Y値に対応する
　　　　　　　　　回帰直線上の値

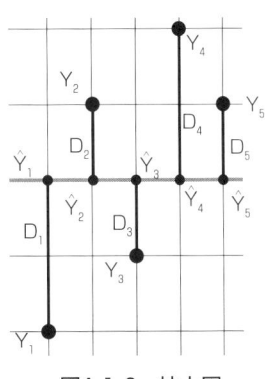

図4.1.3 拡大図

表4.1.2

偏差	Y	$\hat{Y}$	減算値
D_1	2.0	3.6	−1.6
D_2	4.0	3.6	0.4
D_3	3.0	3.6	−0.6
D_4	5.0	3.6	1.4
D_5	4.0	3.6	0.4

偏差合計 $\Sigma D = D_1 + D_2 + D_3 + D_4 + D_5 = [\ 0\ ]$
偏差二乗合計 $\Sigma D^2 = [\ 5.20\ ]$

第4章　相関係数と回帰分析

Q4.1.3

図4.1.4と解説を照合させながら理解し，計算の空所に適切な数値を記入してください。

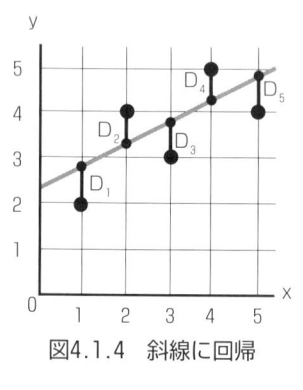

図4.1.4　斜線に回帰

回帰式　$Y = aX + b$
　　　　$= 0.5X + 2.25$

　直線の傾き：$a = y \div x = \dfrac{y}{x}$
　　　　　　　$= 1 \div 2 = 0.5$

　Y切片：$b = 2.25$

① $\hat{Y} = 0.5X + 2.25$
　$\hat{Y}_1 = (0.5 \times 1) + 2.25 = 2.75$
　$\hat{Y}_2 = [\quad 3.25 \quad]$
　$\hat{Y}_3 = [\quad 3.75 \quad]$
　$\hat{Y}_4 = [\quad 4.25 \quad]$
　$\hat{Y}_5 = [\quad 4.75 \quad]$

　偏差合計 $\Sigma D = [\quad -0.75 \quad]$

　偏差二乗合計 $\Sigma D^2 = [\quad 2.81 \quad]$

② 偏差 $D = Y - \hat{Y}$
　$D_1 = 2.0 - 2.75 = -0.75$
　$D_2 = [\quad 0.75 \quad]$
　$D_3 = [\quad -0.75 \quad]$
　$D_4 = [\quad 0.75 \quad]$
　$D_5 = [\quad -0.75 \quad]$

③ 偏差二乗 $D^2 = D \times D$
　$D_1^2 = (-0.75)^2 = 0.56$
　$D_2^2 = [\quad 0.56 \quad]$
　$D_3^2 = [\quad 0.56 \quad]$
　$D_4^2 = [\quad 0.56 \quad]$
　$D_5^2 = [\quad 0.56 \quad]$

◎図4.1.2ではⓐ水平線で，図4.1.4ではⓑ右上がり斜線で，回帰直線を描きました。なお，吉田（2006, pp. 338-342）を参考にして記述しました。

　☆偏差Dを計算すると，ⓐではバラバラな数値になるので，回帰直線の点データに対する適合度が低いと判断できます。

　☆偏差Dを計算すると，ⓑではすべて一致した値になるので，回帰直線の点データに対する適合度が高いと判断できます。

　☆偏差の方向性による影響を除去するために，偏差二乗を算出します。その合計値 ΣD^2 を較べると，ⓐに対してⓑが低いです。

　☆言い換えると，回帰直線の適合度を ΣD^2 値で判定できるはずです。この意義を拡大すると，相関関係を判定する係数を指標化できます。

§4.2 相関係数

> **テーマ4.2**
> ここでは，2変数間の線形関係を表す統計値の相関係数を算出する過程を理解します。それが分かれば，あとはパソコンで計算すればよいことです。ともかく，まず手計算して理解しましょう。

(1) ピアソンの積率相関係数 r

表4.2.1 相関係数の算出過程

	X	偏差 ④$Dx=X-Mx$	偏差二乗 ⑤Dx^2	Y	偏差 ⑫$Dy=Y-My$	偏差二乗 ⑬Dy^2	共偏差 ⑰$Dx \times Dy$
1	1	1−3=−2	4	2	2−3.6=−1.6	2.56	3.20
2	2	2−3=−1	1	4	4−3.6=0.4	0.16	−0.40
3	3	3−3=0	0	3	3−3.6=−0.6	0.36	0.00
4	4	4−3=1	1	5	5−3.6=1.4	1.96	1.40
5	5	5−3=2	4	4	4−3.6=0.4	0.16	0.80

①合計 $\Sum X$ ＝〔 15 〕 　　　⑨合計 $\Sum Y$ ＝〔 18 〕

②データ数N＝〔 5 〕　　　　⑩データ数N＝〔 5 〕

③平均$Mx=\Sum X \div N$＝〔15÷5=3〕　⑪平均$My=\Sum Y \div N$＝〔18÷5=3.6〕

⑥合計 $\Sum Dx^2$ ＝〔 10 〕　　⑭合計 $\Sum Dy^2$ ＝〔 5.2 〕

⑦分散$Vx=\Sum Dx^2 \div N$＝〔 2 〕　⑮分散$Vy=\Sum Dy^2 \div N$＝〔1.04〕

⑧標準偏差$SDx=\sqrt{Vx}$＝〔1.41〕　⑯標準偏差$SDy=\sqrt{Vy}$＝〔1.02〕

⑱合計 $\Sum(Dx \times Dy)$ ＝〔 5.00 〕

⑲ $r = \dfrac{\Sum(Dx \times Dy)}{\sqrt{\Sum Dx^2 \times \Sum Dy^2}} = \dfrac{5.00}{\sqrt{10 \times 5.2}} = \dfrac{5.00}{7.21} = 0.69$

⑲ $r = \dfrac{\Sum(Dx \times Dy)}{N \times SDx \times SDy} = \dfrac{5.00}{5 \times 1.41 \times 1.02} = \dfrac{5.00}{7.19} = 0.70$

◎上で，相関係数の計算式を2つ提示しました。四捨五入すれば同じ数値になる程度の違いですから，計算しやすいほうを使います。[$\Sum(Dx \times Dy)$]は，前頁で提示した[$\Sum D^2$]に相当する計算式です。

第4章 相関係数と回帰分析

(2) 自由度

Q4.2.1

以下の文章を読んで，空所を適切な表現で埋めてください。

◎図4.2.1のボックスには，同色の4種の図形が4個あります。

☆入っている図形と数が分かっていれば，3つ（○△◇）を取ったあとの残りは〔　　〕であると〔偶然的／必然的〕に分かります。

☆つまり，全部の数Nのうち[N−1]が決定されると，あと1つ残りが何なのかは〔経験的／論理的〕に決まります。

☆この[N−1]の値を**自由度**と呼びます。

◎図4.2.2のボックスには，色違いの4種の図形が8個あります。

☆内容の図形数が分かっていれば，3種のペア（菱形・円形・四角形）を取ると，ペアの〔　　〕が残るのは論理的な必然です。

☆つまり，黒図形の全部の数Nのうち[N−1]と，白図形の全部の数Nのうち[N−1]が決まると，残りのペアは自動的に決まります。

☆**相関係数は2つの変数がペアになるので，自由度は[N−2]です。**

[(ペアのデータ数)−(ペアの変数の数)]で自由度を設定します。

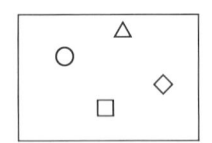

図4.2.1　シングル変数　　　図4.2.2　ペア変数

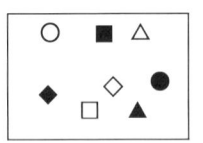

(3) 相関係数の有意性

◎前頁の表4.2.1で算出した相関係数は[$r=0.70$]で，データ数は[$N=5$]でした。付表「ピアソンの積率相関係数（r）の臨界値」で，相関係数の有意水準に対応する臨界値を調べます。

☆自由度は[ペアデータ数N−ペアの変数の数=5−2=3]です。そのとき臨界値は5％水準が[0.878]で，1％水準が[0.959]です。

◇相関係数は，5％水準の臨界値に達していない（より小さい）。

◇相関係数は，1％水準の臨界値に達していない（より小さい）。

◇だから，5％水準で有意な相関関係がないと判断します。

☆5％水準とは，100回のうち5回の誤り（5÷100=0.05）が発生しうる危険を認めたうえで，有意であると結論づけることを意味します。

(4) 相関関係のパターン

◎相関係数は，2変数間の線形な関係を表す測度です。

　☆相関係数rは［−1.00〜0.00〜＋1.00］の範囲の値をとります。

　　◇rが［＋1.00］に近づくほど，変数Xの増加に随伴して変数Yが増加する関係を表します。正の相関と言います（➡図4.2.3②）。

　　◇rが［−1.00］に近づくほど，変数Xの増加に随伴して変数Yが減少する関係を表します。負の相関と言います（➡図4.2.3⑤）。

　　◇変数Xの増減と変数Yの増減に関係がないとき，rが［0.00］に近づきます。無相関と言います（➡図4.2.3④と⑥）。

　　　・ただし，無関係とは言いきれません。非線形に連関する関係が認められるかもしれません（➡図1.1.3）

　☆算出した相関係数が有意かどうか統計的に判断します（➡ §4.2.3）。

　　◇自由度を決定して（N−2），相関係数の臨界値を調べます。

　　◇5％または1％の水準における**臨界値**よりも，**相関係数の絶対値が大きい**とき有意な相関関係があると認めます。

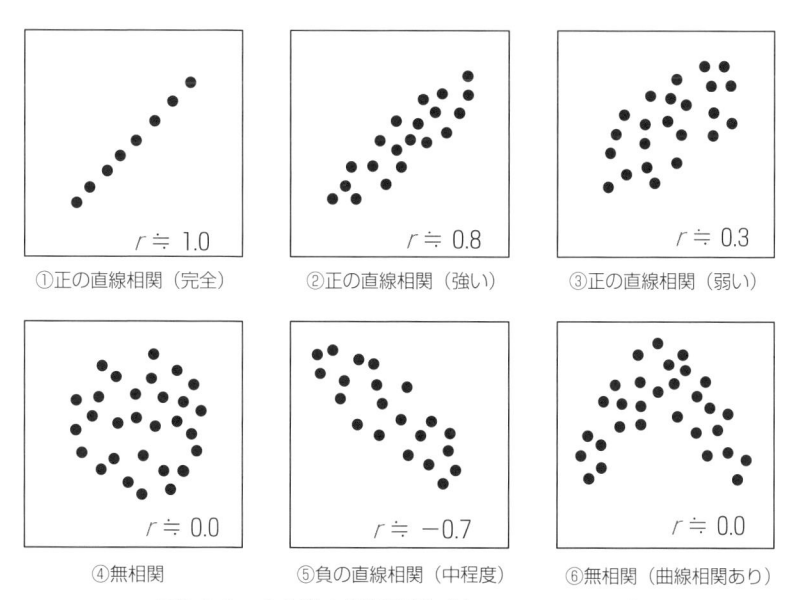

図4.2.3　2変数の相関関係（池田，1971，p.88）

第4章 相関係数と回帰分析

Q4.2.2

図3.2.4で身長と体重の相関関係を表す散布図を見たうえで、表4.2.2で相関係数を算出して、その有意性を判定してください。

表4.2.2 身長と体重の相関係数を算出

	X	偏差 $Dx=X-Mx$	偏差二乗 Dx^2	Y	偏差 $Dy=Y-My$	偏差二乗 Dy^2	共偏差 $Dx \times Dy$
1	149			42			
2	150			44			
3	150			48			
4	151			41			
5	153			44			
6	154			50			
7	154			47			
8	154			46			
9	156			47			
10	156			54			
11	157			56			
12	158			50			
13	159			53			
14	160			50			
15	161			49			
16	162			56			
17	163			53			
18	163			58			
19	164			55			
20	166			57			

合計 $\Sigma X =$ 〔　　　　〕 　　　　合計 $\Sigma Y =$ 〔　　　　〕

人数 $N =$ 〔　　　　〕 　　　　人数 $N =$ 〔　　　　〕

平均 $Mx = \Sigma X \div N =$ 〔　　　　〕 　　　　平均 $My = \Sigma Y \div N =$ 〔　　　　〕

合計 $\Sigma Dx^2 =$ 〔　　　　〕 　　　　合計 $\Sigma Dy^2 =$ 〔　　　　〕

分散 $Vx = \Sigma Dx^2 \div N =$ 〔　　　　〕 　　　　分散 $Vy = \Sigma Dy^2 \div N =$ 〔　　　　〕

標準偏差 $SDx = \sqrt{Vx} =$ 〔　　　　〕 　　　　標準偏差 $SDy = \sqrt{Vy} =$ 〔　　　　〕

自由度＝〔　　　　〕

$$r = \frac{\Sigma(Dx \times Dy)}{N \times SDx \times SDy} = 〔\qquad〕$$

- 5％水準で有意と〔認める／認めない〕
- 1％水準で有意と〔認める／認めない〕

§4.2 相関係数

Q4.2.3

図3.2.5で身長と知能指数の相関関係を表す散布図を確認して，表4.2.3で相関係数を算出して，その有意性を判定してください。

表4.2.3 身長と知能指数の相関係数

	X	偏差 $Dx=X-Mx$	偏差二乗 Dx^2	Y	偏差 $Dy=Y-My$	偏差二乗 Dy^2	共偏差 $Dx \times Dy$
1	149			106			
2	150			108			
3	150			92			
4	151			100			
5	153			97			
6	154			90			
7	154			109			
8	154			88			
9	156			103			
10	156			94			
11	157			112			
12	158			97			
13	159			112			
14	160			94			
15	161			89			
16	162			104			
17	163			96			
18	163			111			
19	164			91			
20	166			107			

合計 $\Sigma X = [\quad]$ 合計 $\Sigma Y = [\quad]$

人数 $N = [\quad]$ 人数 $N = [\quad]$

平均 $Mx = \Sigma X \div N = [\quad]$ 平均 $My = \Sigma Y \div N = [\quad]$

合計 $\Sigma Dx^2 = [\quad]$ 合計 $\Sigma Dy^2 = [\quad]$

分散 $Vx = \Sigma Dx^2 \div N = [\quad]$ 分散 $Vy = \Sigma Dy^2 \div N = [\quad]$

標準偏差 $SDx = \sqrt{Vx} = [\quad]$ 標準偏差 $SDy = \sqrt{Vy} = [\quad]$

自由度 = $[\quad]$

$$r = \frac{\Sigma(Dx \times Dy)}{N \times SDx \times SDy} = [\quad]$$

- 5％水準で有意と〔認める／認めない〕
- 1％水準で有意と〔認める／認めない〕

第4章 相関係数と回帰分析

Q4.2.3

図3.2.6で知能指数とパズル完成時間の相関関係を表す散布図を確認して，表4.2.4で相関係数を算出して，その有意性を判定してください。

表4.2.4　知能指数とパズル完成時間の相関係数

	X	偏差 $Dx = X - Mx$	偏差二乗 Dx^2	Y	偏差 $Dy = Y - My$	偏差二乗 Dy^2	共偏差 $Dx \times Dy$
1	114			7			
2	114			5			
3	113			8			
4	113			3			
5	112			6			
6	110			13			
7	107			14			
8	104			11			
9	101			12			
10	100			4			
11	99			15			
12	98			15			
13	94			17			
14	92			26			
15	91			22			
16	89			19			
17	88			25			
18	88			28			
19	87			29			
20	86			21			

合計 $\Sigma X = $ 〔　　　　〕　　　　合計 $\Sigma Y = $ 〔　　　　〕
人数 $N = $ 〔　　　　〕　　　　　人数 $N = $ 〔　　　　〕
平均 $Mx = \Sigma X \div N = $ 〔　　　　〕　平均 $My = \Sigma Y \div N = $ 〔　　　　〕
合計 $\Sigma Dx^2 = $ 〔　　　　〕　　合計 $\Sigma Dy^2 = $ 〔　　　　〕
分散 $Vx = \Sigma Dx^2 \div N = $ 〔　　　〕　分散 $Vy = \Sigma Dy^2 \div N = $ 〔　　　〕
標準偏差 $SDx = \sqrt{Vx} = $ 〔　　　〕　標準偏差 $SDy = \sqrt{Vy} = $ 〔　　　〕
　　　　　　　　　　　　　　　　自由度＝〔　　　　〕

$$r = \frac{\Sigma (Dx \times Dy)}{N \times SDx \times SDy} = 〔　　　〕$$

- 5％水準で有意と〔認める／認めない〕
- 1％水準で有意と〔認める／認めない〕

§4.3 回帰分析

――テーマ4.3―――――――――――――――――――――――――――
　吉田（2006, p.360）によれば，計量経済学は予測の根拠となる回帰直線を引くことから始まります。すなわち，予測誤差を新たな分析へ組み入れて，さらに認識を深めることが真の課題になります。医学でも頻繁に回帰直線を利用します。心理学ではそれほどではないようです。ともかく，この段階になりますと，どうしてもパソコンが必要になります。ここでは，その前段階の理解を確実にすることを目的にして解説します。

(1) 回帰分析のモデル

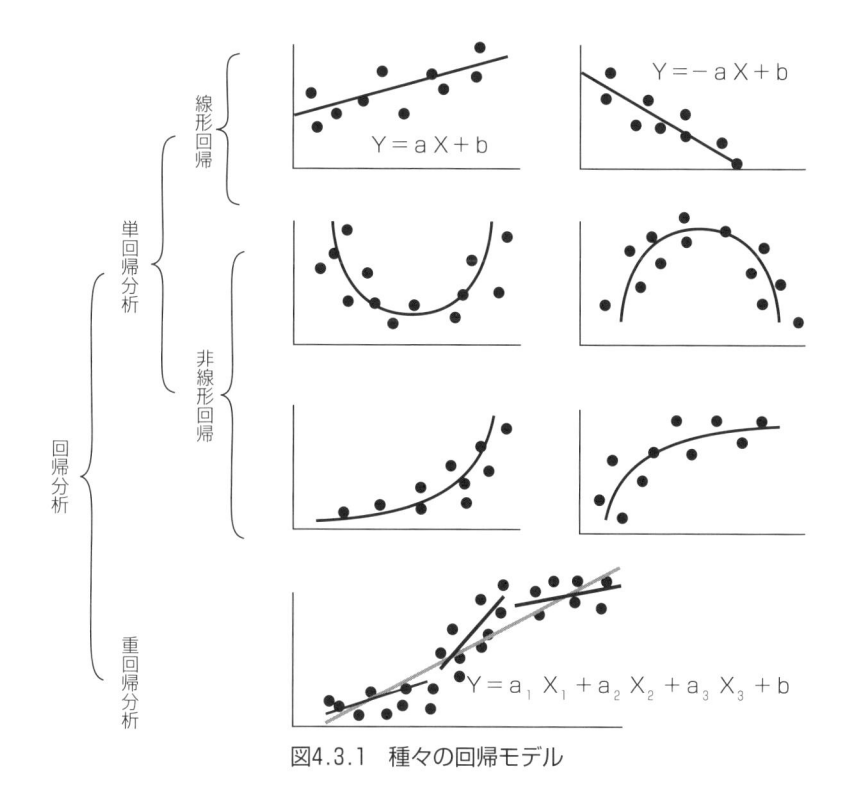

図4.3.1　種々の回帰モデル

(2) 線形の単回帰式

◎図4.1.1のデータを使って，線形回帰式を算出する過程を表4.3.1で示しました。

☆図4.1.4では，少し直感的な操作を入れて回帰式を算出しました。

☆図4.3.2の線形回帰式は，統計学が定義する手順で算出しました。

Q4.3.1
表4.2.2〜4.2.4で計算したデータに，ここで紹介した手順を適用することで，すぐに線形回帰式を算出できます。実行して確認してください。

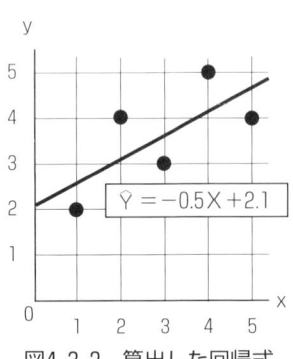

図4.3.2 算出した回帰式 ($\hat{Y} = -0.5X + 2.1$)

表4.3.1 線形回帰式の算出過程

	X	偏差 ④Dx=X−Mx	偏差二乗 ⑤Dx²	Y	偏差 ⑨Dy=Y−My	偏差二乗 ⑩Dy²	共偏差 ⑪Dx×Dy
1	1	1−3=−2	4	2	2−3.6=−1.6	2.56	3.2
2	2	2−3=−1	1	4	4−3.6=0.4	0.16	−0.4
3	3	3−3=0	0	3	3−3.6=−0.6	0.36	0.0
4	4	4−3=1	1	5	5−3.6=1.4	1.96	1.4
5	5	5−3=2	4	4	4−3.6=0.4	0.16	0.8

①合計 ΣX＝〔15〕　　　　　　　⑥合計 ΣY＝〔18〕
②データ数N＝〔5〕　　　　　　⑦データ数N＝〔5〕
③平均Mx＝ΣX÷N＝〔15÷5=3〕　⑧平均My＝ΣY÷N＝〔18÷5=3.6〕

⑫合計 Σ(Dx×Dy)＝〔5.0〕

⑬直線の傾き：$a = \dfrac{\Sigma(Dx \times Dy)}{\Sigma Dx^2} = \dfrac{5.0}{10} = 0.5$

⑭y切片：b＝My−(a×Mx)＝3.6−(0.5×3)＝3.6−1.5＝2.1

$$\therefore \hat{Y} = 0.5X + 2.1$$

$\hat{Y}$（ワイハット）：回帰式を表す

(3) 相関と回帰の意義

Q4.3.2

前章(第3章)と本章(第4章)では,「相関と回帰」という共通テーマを追求して,読者が基本の理解を獲得できるように工夫しました。以下の空所を適切な表現で埋めながら,その意義を確認してください。

◎相関と回帰が重要なのは,まず,2変数間の関係を認識するための理法と技法を表現しているからです。

☆第2章で平均値と標準偏差を算出しましたが,〔特定／共通〕の性質によって,対象化している変数を定義することが目的です。対象変数の記述であり,数値の予測を問題に〔しています／していません〕。

☆相関係数と回帰式を算出するために,X値とY値についての平均値Mと標準偏差SDを計算します。その[MxとMy]と[SDxとSDy]は,それぞれ〔シングル／ペア〕として扱います。

☆それぞれ[N=10]である2変数を,ペアとして扱うとき,そのデータサイズは〔20／10／5〕となります。1つのデータは,1つのペアを表します。

☆その結果として,変数Xの任意の値から変数Yの対応する値の予測が,可能になります。その式が〔相関式／回帰式〕です。

◎統計学は変数間の回帰式を確定することで,**独立変数Xから従属変数Yを**,予測する能力を獲得しました。

☆この予測能力は,強い〔因果関係／相関関係／原因帰属〕を,表現しているだけです。つまり,予測されたYにとって,Xが原因であるとは,言いきれません。

☆例えば,「風が吹けば桶屋がもうかる」という関係の相関係数が有意であったとしても,「桶屋がもうかる」ことの原因を,「風が吹く」ことと主張するのは,〔因果関係／相関関係／原因帰属〕の表現です。

☆因果関係を確定するためには,第8章で紹介する,計画された実験法に準拠して検討しなければなりません。

☆例えば,図1.1.1で紹介したトゲウオの生殖行動連鎖は因果関係の表現です。♀の模型を使って,♂が発現した求愛行動への応答行動を操作し,♂の誘導行動を実験的にコントロールできました。

第5章 サンプリング

　前章（第4章）の最後で、線形の単回帰式を算出する過程を分解して、その下位要因の意義を計算しながら理解しました。偏差（データ値－平均値M）と共偏差（偏差$_x$×偏差$_y$）が重要な役割を果たします。データの回帰式を確定できると、任意のX値から対応するY値を予測できます。統計学は**推測統計学**（inferential statistics）と別称されますが、予測と検証を基本的な課題とする学問体系の意義を表します。本章で紹介する**サンプリング**（sampling）に関する理法と技法が推測統計学の本質を表します。**標本抽出**と訳されます。

§5.1　ウォームアップ

> テーマ5.1
> 　ウォームアップをするために、サンプリングが重要な役割を果たしている出来事が、日常生活の中に浸透している例のいくつかを指摘します。そこを心得ておけば、これから学ぶ内容に親しみを感じるでしょう。

(1) 投票行動

◎例えばテレビで選挙速報を見ていると、開票率10%ぐらいで「当選確実」と宣言されます。現在はありふれた出来事ですが、選挙速報が始まった当時は手品ではないかと驚きました。本章で学ぶサンプリング（sampling）の理法と技法が根拠になって、当選確実の予測と判断が可能になります。

> Q5.1.1
> 　当選確実の宣言に到るために、少なくも3つの数値がほぼ合致する必要があります。その3つを察知してください。
> 　　① _____
> 　　② _____
> 　　③ _____

Q5.1.2

◎当選確実を出す前に，候補者Xに対する支持率を表すデータを収集します。支持率を左右する要因を好きなだけあげてください。

◎選挙所の出口に控えていた調査員が「誰に投票したか？」を尋ねてきます。彼らがもっとも知りたいことは何でしょう。

◎当選予報をくつがえす恐れがある要因に何があるでしょう。

(2) コンビニの品揃え

Q5.1.3

◎知っていましたか？ コンビニエンス・ストアでは，曜日ごとに時間帯ごとに陳列する品揃えを変えています。どのような目的のためでしょうか。

◎このような品揃えの態勢を可能にするために，あらかじめ整えておく諸要因があります。少なくとも3つ以上の要因を挙げてください。

A5.1.1&2
◎「当選確実」の確実性を問題にするときは，少なくとも以下の3つの数値が合致することが必要です。
　①支持率：投票地区の事前調査で，候補者のXに対する支持率が40％で，Yは30％で，Zは20％だったとします。
　②投票率：出口調査で，午前11時にXへの投票率が40％を越えて，以降も変わらず40％以上を維持しています。
　③開票率：10％が開票された時点で，Xを支持する開票率が40％以上になりました。そこで，「当選確実」だと宣言しました。
◎当選確実の確実性は，少なくとも2要因によって左右されます。
　①支持率の事前調査が不十分であった。つまり，サンプリングの区分けが不適切であったため，支持率が事実を反映していなかった。
　　☆性別，年齢層，職業層，経済層，地域などを適切にカテゴリ化して，関与する要因の差異を見抜いておかなければなりません。
　②選挙の流れが浮動票の変化によって大きく変わったが，出口調査をした時点ではまだ変化が現れていなかった。
　　☆政治動向が不安定な時期であれば，繰り返し出口調査をする必要があります。時間帯によって支持層が異なるからです。

A5.1.3
◎漫然と商品を並べて，売れるまで放置しておく経営では，コンビニのように小さな小売店が生き残るのは難しいでしょう。
　☆きめ細かな品揃えが死活を左右する第一条件になります。そのために以下のような諸要因を調査しておかなければなりません。
　　◇どのような年齢層と経済層の人たちが住んでいるか。
　　◇近辺に，どのような店が集合するのか，または点在するのか。
　　◇どのような時間帯に，どのような人たちが店前を通過するか。
　☆ターゲットの客層を絞り込んで特色を出します。
　　◇小さな小売店では，恒常的な客層に絞るのは危険です。
　　◇その危険を分散させるために，時間帯ごとに絞り込みます。
◎客層の絞り込みとはサンプリングに相当しています。だから，サンプリングの考え方と扱い方を学ぶことから始めなければなりません。

§5.2 複合重層的な集合

> テーマ5.2
>
> 測定可能のように変数を定義したら，次に，その変数に対応するデータの集合に関する複合性を重層的に仮説しておかなければなりません。例えば，政策Xに賛成するA党と反対するB党があれば，複合的な構造の想定が必要になります。さらに，政策Xの下位政策X_1には賛成するが，X_2には反対するC党があり，X_2には賛成だがX_1には反対するD党があれば，重層的な構造の想定が必要です。このような複合性と重層性に馴染んでおくために，あらかじめ集合概念の基礎を学んでおきましょう。

(1) 全体集合と部分集合

> Q5.2.1
>
> 下図5.2.1のような図をベン図といいます。集合Aと集合Bに共通する**積集合**（A∩B）の要素が，共通して持っている特性はなんでしょうか？
>
> **全体集合U** = {コウモリ，スズメ，カモメ，ペンギン，ダチョウ，ヒト}
> **集合A** = {スズメ，カモメ，ペンギン，ダチョウ}
> **集合B** = {ペンギン，ダチョウ，ヒト}

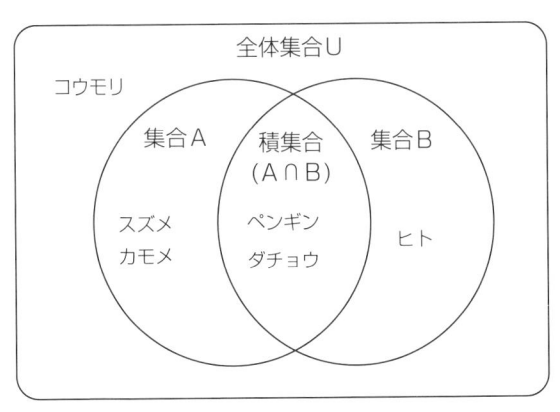

図5.2.1　仮想した集合のベン図

第5章 サンプリング

> **A 5.2.1**
> 全体集合の一部分を構成する集合を**部分集合**といいます。全体集合Uの部分集合には、いろいろな種類があります。例えば、積集合（A∩B）は全体集合Uの部分集合の1つです。以下に、いくつかの例をあげました。これらの部分集合は、いずれもその集合に含まれる要素どうしに共通の特性があります。例えば、積集合（A∩B）の要素はダチョウとペンギンですが、この両者に共通する特性は「飛べない鳥類」です。

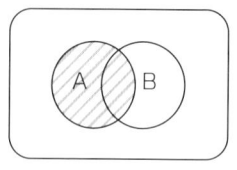

①集合A
　＝ {スズメ, カモメ, ペンギン, ダチョウ}
　＝ {鳥類}

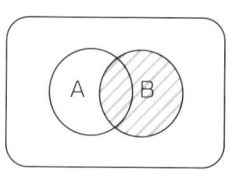

②集合B
　＝ {ペンギン, ダチョウ, ヒト}
　＝ {2足歩行}

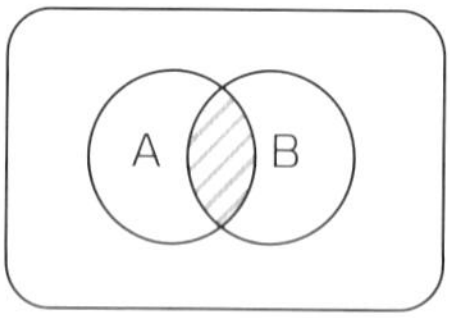

③積集合（A∩B）
　＝ {ダチョウ, ペンギン}
　＝ {飛べない鳥類}

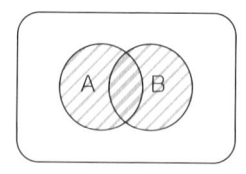

④和集合（A∪B）
　＝ {スズメ, カモメ, ペンギン, ダチョウ, ヒト}
　＝ {昼行性}

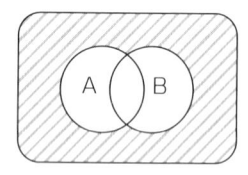

⑤補集合 U−(A∪B)
　＝ {コウモリ}
　＝ {飛べる哺乳類}

図5.2.2　部分集合を表すベン図

(2) 問題の水準

Q5.2.2

◎「精神障害」といわれる全体集合を部分集合化すると，図5.2.3のように，その類型（タイプ）を体系的に分類することができます。文中の〔　〕に入る適切な語句を選んでください。

◎全体集合と部分集合の関係は相補的です。つまり，一方が決まらなければ，他方も決まりません。

　☆集合Aを「神経症」で定義して，集合Bを「精神病」で定義するとき，AとBを部分集合とする全体集合Uは〔躁うつ病／精神障害〕です。

　☆集合Cを「真性」で定義して，集合Dを「心理神経症」で定義すると，全体集合Uは〔強迫神経症／神経症〕になります。

　☆全体集合Uを「精神病」で定義したとき，その部分集合は「躁うつ病」と〔破瓜型／精神分裂病〕になります。

◎問題を分析するときは全体集合を決めて，部分集合間の弁別的な特徴を探究します。これを，問題の水準といいます（➡図1.1.2）。

　☆例えば，「躁うつ病」を探究するときは〔精神病／精神障害〕を全体集合と定義して，「精神分裂病」と識別できる病状の特性を調べます。

　☆全体集合を定義しないで，「躁うつ病」を「ヒステリー」と比較することを水準の誤りといいます。

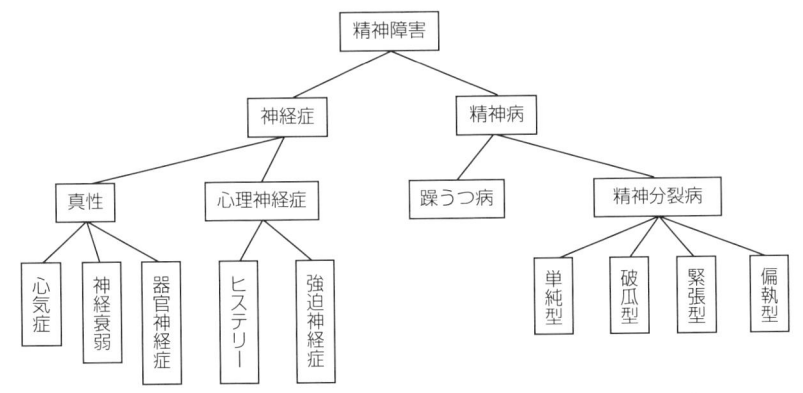

図5.2.3　集合による分類体系の表現例（池田，1971，p.55）

第5章 サンプリング

§5.3 サンプリングとデータ

> テーマ5.3
> サンプリングして構成されるデータの部分集合が**サンプル**（sample）で，**標本**と言います。サンプルは全体集合に対する見本なので，サンプリングが適切であるほど全体集合を反映する見本となります。他方で，サンプリングが不適切ならば，全体集合を反映できない偏った見本になります。だから，科学的な研究ではサンプルの構成には大きな注意を払います。

(1) サンプリングの体験

> Q5.3.1
> 高校生を全体集合として定義して男子生徒と女子生徒に部分集合化します。そして，男子と女子の違いを体重で特徴づけて「男子生徒は女子生徒よりも体重が重い」という仮説を確かめる場合を考えましょう。
> まず最初に，男子生徒のデータを集めましょう。下の表5.3.1は男子60名の出席番号（No.）とその体重です。この中から，ランダムに15名分のデータを取り出してみます。次頁の表5.3.2の手順に従って，サンプリングを体験してみましょう。

表5.3.1 男子高校生60名の体重（単位：kg）

No.	体重	No.	体重	No.	体重	No.	体重	No.	体重	No.	体重
1	74	11	53	21	66	31	51	41	51	51	58
2	55	12	39	22	69	32	59	42	63	52	57
3	55	13	60	23	76	33	47	43	37	53	60
4	75	14	70	24	56	34	60	44	54	54	72
5	48	15	68	25	64	35	68	45	41	55	63
6	53	16	69	26	67	36	73	46	53	56	47
7	68	17	62	27	55	37	63	47	57	57	70
8	54	18	58	28	68	38	59	48	58	58	71
9	59	19	54	29	55	39	72	49	60	59	52
10	66	20	69	30	71	40	49	50	75	60	69

§5.3 サンプリングとデータ

表5.3.2 サンプリングをしてみよう！

	①乱数	②体重
1	31	51
2	32	59
3	5	48
4	19	
5	57	
6	48	
7	29	
8	59	
9	30	
10	49	
11	33	
12	60	
13	21	
14	44	
15	50	

②乱数に対応する出席番号の体重を記入する

①下の乱数表で任意の数字を出発点にして順番に書き写す

表5.3.3 出席番号の乱数表

31	33	51	22	43	6
32	60	15	9	56	14
5	21	3	2	1	37
19	44	58	39	47	13
57	50	12	25	46	11
48	41	8	27	17	26
29	24	16	53	55	42
59	18	35	40	10	28
30	29	34	7	38	4
49	36	52	45	20	54

第5章 サンプリング

Q5.3.2

女子高校生のデータをサンプリングしましょう。表5.3.4は女子60名分のデータです。前頁の乱数表を利用して表5.3.5に15名分のデータを抽出してください。

表5.3.4 女子高校生60名の体重（単位：kg）

No.	体重	No.	体重	No.	体重
1	53	21	57	41	38
2	38	22	52	42	55
3	53	23	37	43	34
4	42	24	65	44	38
5	54	25	52	45	59
6	51	26	37	46	64
7	56	27	49	47	36
8	66	28	38	48	52
9	70	29	48	49	58
10	53	30	63	50	59
11	34	31	42	51	41
12	47	32	51	52	62
13	56	33	57	53	58
14	41	34	49	54	36
15	52	35	60	55	52
16	58	36	62	56	39
17	58	37	36	57	22
18	50	38	42	58	52
19	53	39	60	59	54
20	52	40	54	60	45

表5.3.5 女子高校生のサンプリングデータ

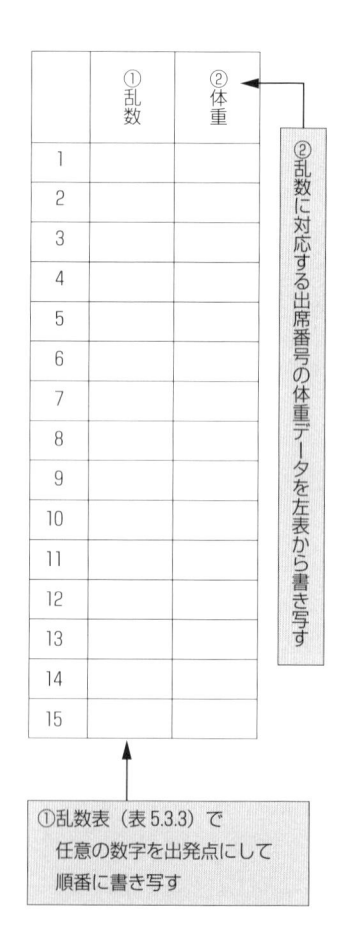

	①乱数	②体重
1		
2		
3		
4		
5		
6		
7		
8		
9		
10		
11		
12		
13		
14		
15		

①乱数表（表5.3.3）で任意の数字を出発点にして順番に書き写す

②乱数に対応する出席番号の体重データを左表から書き写す

(2) 母集団と標本

◎サンプリング（sampling）とは，あるデータの集合から，いくつかのデータを抽出して，サンプルの**標本**を構成する手続を表します。この意味を表現して，サンプリングを**標本抽出**と言います。

☆表5.3.2と表5.3.5では，それぞれ60人分の体重データから15人分のデータを，ランダムに標本抽出（サンプリング）しました。

☆1つの標本に含まれるデータの数を，**サンプルサイズ**（標本の大きさ）と言います。表5.3.2と表5.3.5のサンプルサイズはそれぞれ［15］です。

☆実験者の意図が入り込まないように，無作為に標本をサンプリングすることを**ランダム・サンプリング**（無作為抽出）と言います。無作為性を保証するために，**乱数表**を利用します。

◎サンプリングするのは，標本の平均値や標準偏差などの数値を利用して一般化した数値を推定するためです。

☆一般化して推定するデータの集合を**母集団**（population）と言います。

☆母集団は，統計理論によって想定が可能なデータの集合です。例えば，「人類」の全体を母集団として想定できるのは，サンプリングの繰り返しによって推定が可能として理論化されて証明されているからです。

☆標本（サンプル）の平均値や標準偏差から，母集団の平均値や標準偏差を推定する統計的方法が確立しています。

◎男子データ（➡表5.3.2）と女子データ（➡表5.3.5）のサンプリングを実行してみました。男子高校生の体重と女子高校生の体重を，標本間で比較するだけでなく，母集団間でも比較するという研究目的を実現するためです。

☆男子生徒と女子生徒を区別したサンプリングは，男子と女子を比較するという研究目的に対応しています。

◇研究目的が，例えばアメリカの高校生の体重と日本の高校生の体重の比較にあるとします。このときは，男子と女子を合わせたデータからサンプリングします。

☆統計処理の方法そのものは，どのような母集団を問題にするのがよいかについて何も語ってくれません。

◇母集団は研究の目的に対応して意義づけられて，サンプリングの方法が決定されます。

第5章 サンプリング

(3) 平均値を算出

Q5.3.3
表5.3.6から男子高校生15名のデータをサンプリングして、表5.3.8に書いてください。平均値Mと標準偏差SD（→ §2.3.2）を算出しましょう。

表5.3.6 男子高校生30名の体重

No.	体重	No.	体重
1	58	16	68
2	74	17	56
3	57	18	56
4	63	19	48
5	46	20	45
6	69	21	49
7	55	22	47
8	71	23	59
9	55	24	73
10	70	25	65
11	57	26	61
12	71	27	51
13	71	28	50
14	63	29	69
15	36	30	58

表5.3.7 乱数表（1〜30）

4	3	28
17	20	30
7	22	19
15	9	1
21	26	8
11	13	14
12	24	29
27	6	2
18	16	25
23	5	10

表5.3.8 男子生徒のサンプリングデータ

左下の乱数表を利用して、体重データをサンプリングしましょう

番号	乱数	体重X	偏差D	偏差二乗D^2
1				
2				
3				
4				
5				
6				
7				
8				
9				
10				
11				
12				
13				
14				
15				

$\Sigma X =$
$M =$
$\Sigma D^2 \div N =$
$SD =$

§5.3 サンプリングとデータ

Q5.3.4

下の表5.3.9から女子高校生15名のデータをサンプリングして，表5.3.10に書きましょう。そして，標本の平均値Mと標準偏差SD（→ §2.3.2）を算出しましょう。なお，乱数表は前頁の表5.3.7を利用してください。

表5.3.9 女子高校生30名の体重

No.	体重	No.	体重
1	53	16	44
2	51	17	61
3	65	18	43
4	45	19	53
5	42	20	53
6	43	21	73
7	51	22	56
8	63	23	44
9	48	24	35
10	47	25	48
11	58	26	45
12	47	27	43
13	55	28	45
14	43	29	30
15	36	30	44

表5.3.10 女子生徒のサンプリングデータ

前頁の乱数表を利用して、体重データをサンプリングしましょう

番号	乱数	体重 X	偏差 D	偏差二乗 D^2
1				
2				
3				
4				
5				
6				
7				
8				
9				
10				
11				
12				
13				
14				
15				

$\Sigma X =$

$M =$

$\Sigma D^2 \div N =$

$SD =$

(4) 分布の範囲

A5.3.3&4

◎算出した男子高校生の体重の平均値および女子高校生の体重の平均値を比較してみましょう。

　　☆男子高校生の体重データ（表5.3.8）
　　　平均値 M＝〔　　　　〕，標準偏差 SD＝〔　　　　〕
　　☆女子高校生の体重データ（表5.3.10）
　　　平均値 M＝〔　　　　〕，標準偏差 SD＝〔　　　　〕

◎平均値を比較すると，「男子高校生の体重は女子高校生の体重より重い」と判断してよさそうです。

　　☆ただし，この判断は直感的に言っているだけです。だから，この段階はまだ，科学的な判断として認めることはできません。
　　☆標本間の差が統計的に有意かどうかを問題にしたいときには，第11章で学ぶt検定を適用します。

◎高校生を全体集合と定義して，男子と女子を部分集合化して区別したのは，男子の母集団と女子の母集団が異なると考えているからです。

　　☆母集団が異なるということは，下の図5.3.1で図解したように，男子の標本と女子の標本に対応して，それぞれの母集団における分布の範囲にズレを認めることを意味します。
　　☆この結論の妥当性を保証するために，2つの母集団における分布範囲のズレが統計的に有意かどうかが問題になります。

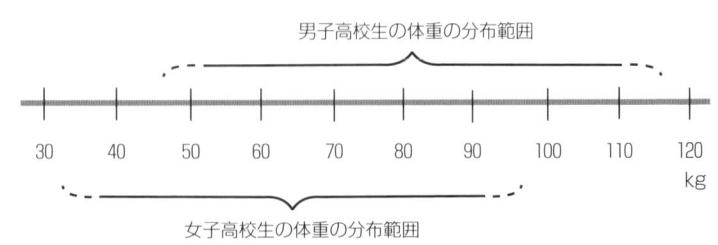

図5.3.1　分布の範囲性と重複性を表す模式図

§5.4 重回帰分析に向けて

───テーマ5.4 ─────────────────────────
単回帰分析について紹介しましたが（➡§4.3），図4.3.1で重回帰分析を模式的に提示しました。サンプリングで想定される母集団の分布は範囲性と重複性を表します（➡図5.3.1）。この要件を理解できると，重回帰分析へ向かう入り口を開くことになります。試みてみましょう。
─────────────────────────────────────

(1) 重層構造と水準の誤り

Q5.4.1 ─────────────────────────────
◎母集団は，例えば下図5.4.1のように，重層的に構造化されています。
　☆男子高校生と女子高校生の体重を比較することは，同じレベルの層内の問題なので妥当です。
　☆例えば男子高校生と大学生（男女）を比較することは，異なるレベルが混じる問題なので妥当ではありません。つまり，水準の誤りを犯すことになります（➡図1.1.2）。日常の問題で，水準の誤りが原因と思われる例を挙げてください。

　┌──────────────────────────────┐
　│   │
　│   │
　│   │
　└──────────────────────────────┘

◎研究は，例えば「男子高校生と女子高校生では，体重の分布範囲が違う。」と明証することが目的です。母集団の分布範囲を推定することは，その準備として必要になります。
─────────────────────────────────────

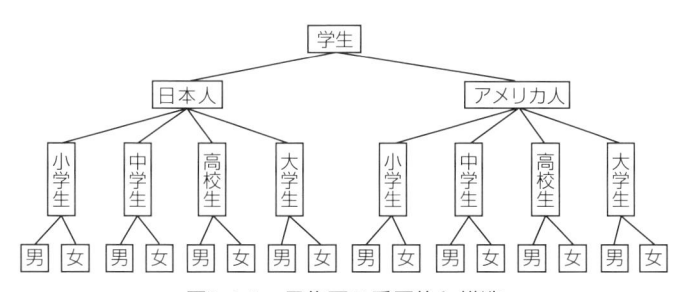

図5.4.1　母集団の重層的な構造

第5章　サンプリング

(2) サンプリングと平均値の変動

Q5.4.2

男子高校生の体重が，女子高校生の体重よりも重いことがわかりました。しかし，疑問が残ります。サンプリングされた人がそのつど違うのだから，標本の平均値もそのつど異なるはずです。確認するために，表5.3.8で算出した男子高校生の平均値を周囲の人（30人）に尋ねて，それぞれの平均値をデータ値にしてヒストグラムを描いてみましょう。

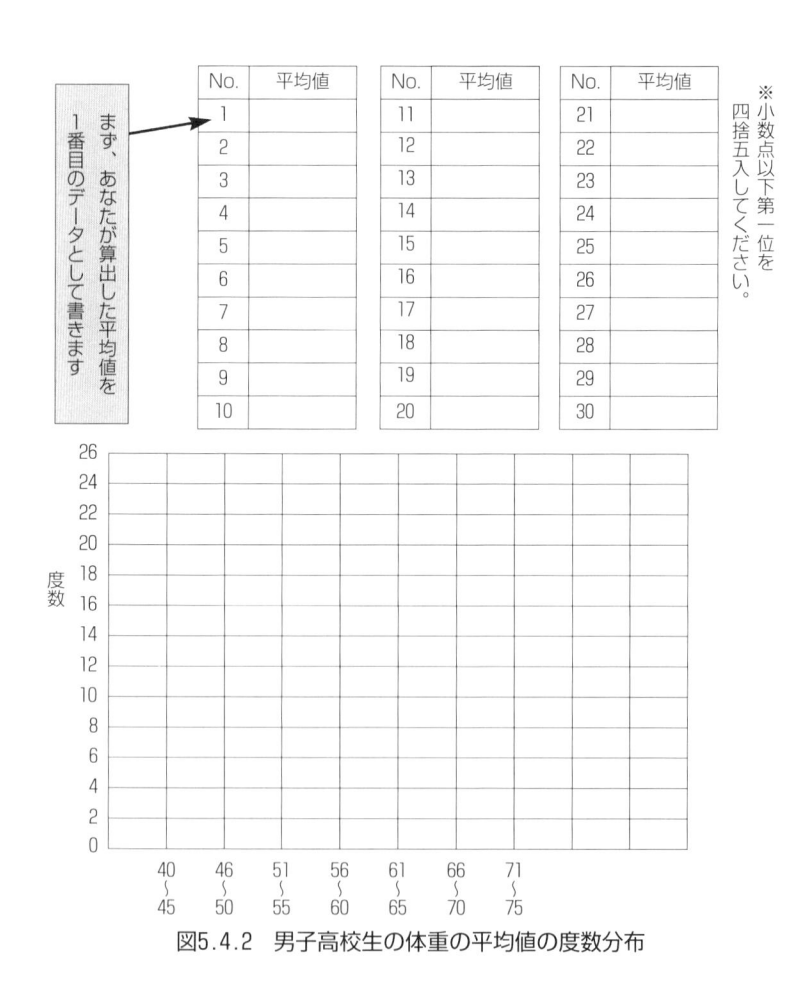

まず、あなたが算出した平均値を1番目のデータとして書きます

No.	平均値
1	
2	
3	
4	
5	
6	
7	
8	
9	
10	

No.	平均値
11	
12	
13	
14	
15	
16	
17	
18	
19	
20	

No.	平均値
21	
22	
23	
24	
25	
26	
27	
28	
29	
30	

※小数点以下第一位を四捨五入してください。

図5.4.2　男子高校生の体重の平均値の度数分布

§5.4 重回帰分析に向けて

A5.4.2
◎筆者が調べた結果を下の図5.4.3に書きました（黒い棒グラフ）。
　☆平均値が56～60だったのは19人でした。
　☆61～65だったのは11人でした。
◎試みにサンプルサイズ（➡ §5.3.2）を3にして，30個の標本の平均値を算出してヒストグラムを描くと斜線の棒グラフのようになります。
　☆サンプルサイズが15の場合と比べると，幅広いカテゴリに分散している様子がわかります。
◎サンプルサイズを大きくするほど，平均値のカテゴリが狭い範囲に収束します。つまり，母集団の平均値に近似した値に収束します。
　☆これを**大数の法則**といいます。
　☆男子高校生の体重の場合で考えると，平均値はサンプリングによって，そのつど変化します。けれども，バラバラな値ではなくて，男子高校生一般の平均値（母集団の平均値）に収束します。
◎サンプリングするときは，標本サイズをできるだけ大きくします。
　☆サンプルサイズは［30以上］が理想的です。

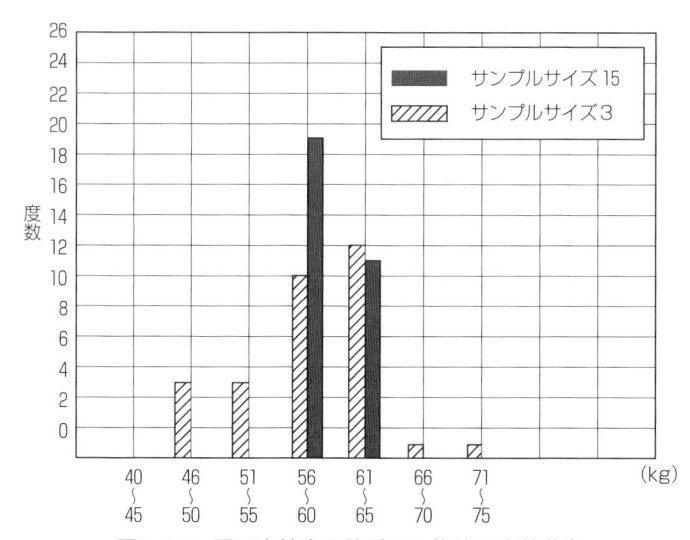

図5.4.3　男子高校生の体重の平均値の度数分布

(3) 散布図で可視化

> **Q5.4.3**
> サンプリングしたデータを用いて散布図を作成します。母集団の重層構造を考慮に入れて散布図を見なおすことで，新たなモデルを発見できる可能性が開かれるかもしれません。下の表5.4.1は，3学年それぞれの男子学生の身長と体重を表すデータです。このデータの散布図を，次頁図5.4.4に描画してみましょう。

表5.4.1　男子学生の身長と体重

①小学4年生

	身長	体重
1	125	33
2	127	20
3	128	27
4	132	34
5	133	30
6	133	31
7	134	38
8	134	25
9	135	26
10	137	33
11	138	29
12	139	30
13	140	35
14	141	37
15	142	32

②中学1年生

	身長	体重
1	145	28
2	148	36
3	148	40
4	149	38
5	151	51
6	152	39
7	152	47
8	153	55
9	154	50
10	154	46
11	155	46
12	157	52
13	159	43
14	159	63
15	160	65

③高校1年生

	身長	体重
1	159	49
2	159	55
3	160	52
4	165	50
5	166	61
6	166	72
7	169	59
8	169	64
9	170	73
10	171	63
11	172	72
12	172	59
13	173	62
14	173	70
15	174	75

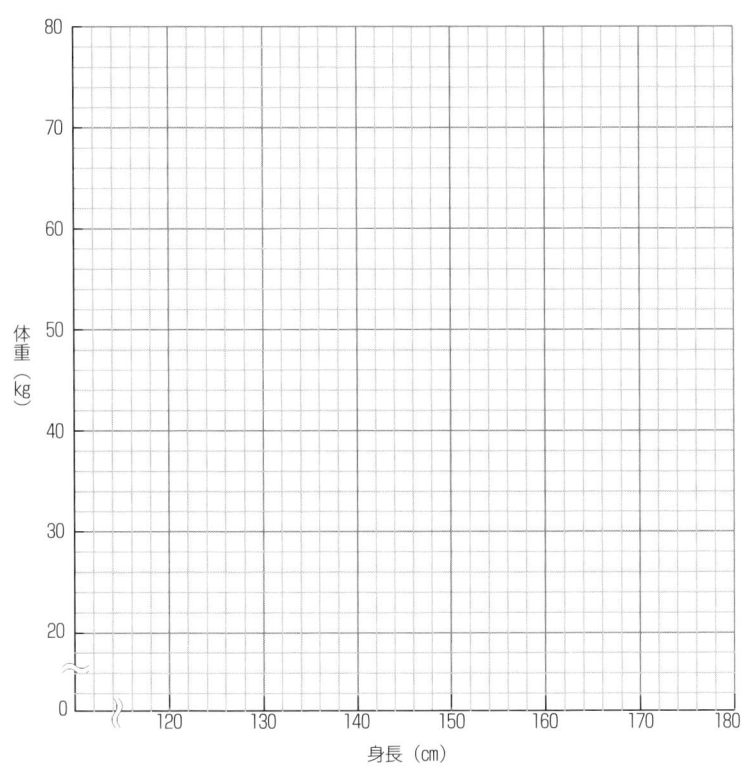

図5.4.4　男子学生の身長と体重の散布図

A5.4.3
◎異なる3つの学年のデータをプロットした散布図を見ると，正の相関関係が認められます。
　　☆相関係数を算出してみると〔$r=0.92$〕になります。
◎身長と体重が線形に増加する関係としてモデル化できそうです。
　　☆線形でモデル化するということは，小学校から高校までの成長期には，身長と体重の成長がいつも一定であることを意味します。
　　☆さて，あなた自身の成長を振り返ってみて，身長と体重とが線形に増加していたと思えますか？

(4) 発達現象の可視化

◎図5.4.5で，3つの学年ごとに回帰直線を描いてみました。回帰直線の傾きが違っているのがわかります。

　☆中1は，回帰直線の傾きが急です。

　　　◇身長のばらつきと体重のばらつきが大きいようです。

　☆小4と高1は相対的に回帰直線の傾きが緩やかです。

　　　◇体重のばらつきより身長のばらつきのほうが大きいのでしょう。

　☆このように，3学年の母集団を区別して取り扱うことで体重と身長の変化に質的な違いが現れる様子を発見できます。

　☆継時的な変化において質的な違いが現象することを心理学では「発達」と呼びます。言い換えると，発達は，段階的に変化する非線形モデルで表現できる過程を意味します。

◎発達学習の過程を図式化すると，図5.4.6のようなU字型の変化を表す諸側面があります。その結果として，大局的に見ると段階的な変化を読み取れるようになります。

　☆言語発達の過程

　　　◇やまだ（1987）によれば，生後10ヶ月ぐらいで対象を見て指さす行動が現れるようです。このとき，あたかも確認を求めるかのように母親と対象を交互に見るそうです。

　　　◇1歳を過ぎる頃に発声が始まり，2歳から3歳の間に発音できる単語の数が爆発的に増大します。2語文も可能になります。

　　　◇3歳頃がピークで，しばらくは単語の数が増えません（U字の底）。その期間が過ぎると，再び単語数が増大して構文になります。

　☆運動発達の過程

　　　◇多賀（2002）によれば，とりわけ運動の発達においてU字型が顕著に現象するそうです。

　　　◇例えば，新生児を仰向けに寝かせておくと，手足の多様な運動を自発します。

　　　◇しかし，対象に向けて手を伸ばすなどの能動的な運動が生じる時期になると，かつて現れていた多様な運動が減少します。そして，お座りができる頃になると，まったく消失します。

§5.4 重回帰分析に向けて

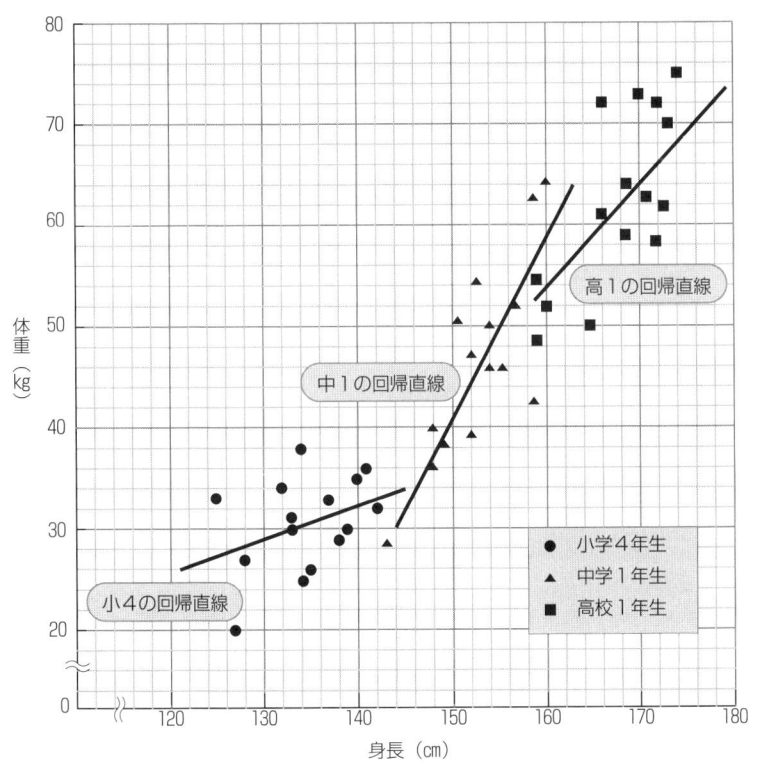

図5.4.5 身長と体重の散布図

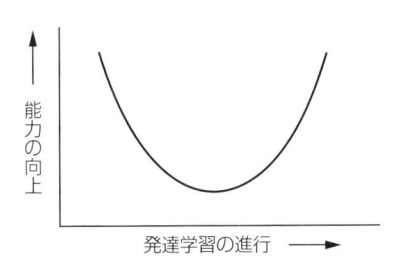

図5.4.6 発達学習におけるU字型現象

第6章 確率と正規分布

　サンプリング（標本抽出）を繰り返すと，そのたびに，算出した各サンプルの平均値と標準偏差値が一定的な範囲に収束してゆきます。分布も安定的な状態に整形されてゆきます。そして，どのような母集団なのか，見当がついてきます。だからと言って，これが母集団だと確定できるわけではありません。あくまでも推定できるだけであり，しかも推定の確からしさを保証しないと何も言えません。その確からしさを，統計学では**確率**（probability）と呼んで，もっともらしさを判断する根拠にします。だんだんと理屈が入り組んできますが，ともかく，要点のエッセンスをがっちりと把握してしまいましょう。

　なお，全数調査された集団は母集団ではありません。例えば1万人の有権者がいる地区で，投票予定者を1万人に質問したら**全数調査**になります。全数が判明しているのだから，推定は不必要であり確率は問題になりません。推定と確率が問題になるのは，**サンプリング**を前提条件にしているときです。

§6.1　ウォームアップ

> テーマ6.1
> 　要するに，何を言いたいから確率を問題にするのだということが分かっていないと，理解しにくいのが確率です。そこで，日常生活の話題から確率が問題になる場面を例示して，その意味を分析することから始めてみます。

(1) 分数と小数
◎「あの10人のうち3人は男性です。」を数式・数値で表現すると，

　　　　　◇割り算（除算）……$3 \div 10$
　　　　　◇分数……………………$\frac{3}{10} = 3/10$
　　　　　◇小数……………………0.3
　　　　　◇百分率…………………30%（$= 0.3 \times 100$）
　　　　　◇割合……………………3割（$= 0.3 \times 10$）

(2) 不思議ではありませんか

Q6.1.1

たぶん，不思議だなと感じる日常の出来事をいくつか例示します。それらが不思議に感じてしまう理由を空欄に書いてください。

① サイコロは6面体です。だから，どれかの面が出る確率は［1/6≒0.17］のはずです。そこで，サイコロを［60回］振って，［5］の目が出る回数を数えてみました。すると［(1/6)×60＝10］回ではなく，［15/60］回になったのです。いかさまのサイコロではありません。では，なぜでしょう。

② 宝くじで，アタリが2割あると言います。そこで，10枚のくじを買って，少なくとも1枚はアタリになるはずと期待していました。しかし，すべてハズレでした。いかさまではありません。なぜでしょう。

③ テレビの天気予報で明日の降水確率は［30％］だと言っていました。この数値から，明日は［晴れる・雨が降る］のどちらになると判断するとよいでしょうか。その根拠を考えて教えてください。

§6.2 場合の数と確率

> テーマ6.2
> 出来事が発生する確率は，**場合の数**（the number of ways）によって定義されます。推測統計学の土台となる理法と技法ですので，とりあえず，その基礎となる考え方と扱い方を紹介します。

(1) 数学的確率と統計的確率

◎数学的確率は以下のように定義できます。

$$\text{事象Aの発生確率} = \frac{\text{事象Aが生じる場合の数}}{\text{すべての場合の数}}$$

$$\text{サイコロの目}_5\text{の発生確率} = \frac{\boxed{5}}{\boxed{1}\ \boxed{2}\ \boxed{3}\ \boxed{4}\ \boxed{5}\ \boxed{6}}$$

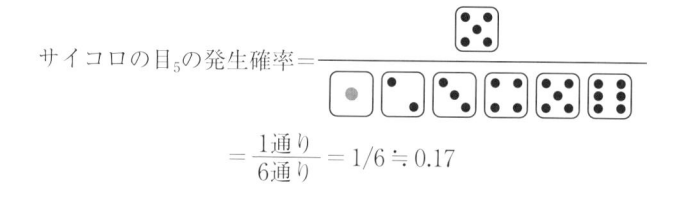

$$= \frac{1\text{通り}}{6\text{通り}} = 1/6 \fallingdotseq 0.17$$

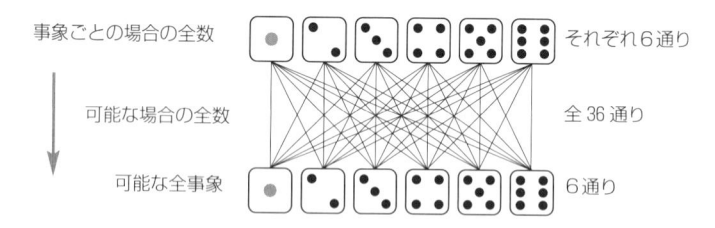

事象ごとの場合の全数 … それぞれ6通り
↓
可能な場合の全数 … 全36通り

可能な全事象 … 6通り

◎統計的確率は以下のように定義できます。

$$\text{事象Aの発生確率} = \frac{\text{観察された事象Aの数}}{\text{観察されたすべての場合の数}}$$

$$\text{サイコロの目}_5\text{の発生確率} = \frac{\text{観察された目}_5\text{の出た数}}{\text{観察されたサイコロを振った回数}}$$
$$= 15/60 = 0.25$$

(2) 順列による場合の数

Q6.2.1
5枚の数字カード（[1][2][3][4][5]）から3枚を選んで3桁の数字を作ると何通りができる可能性がありますか。ただし，取ったカードは戻しません。

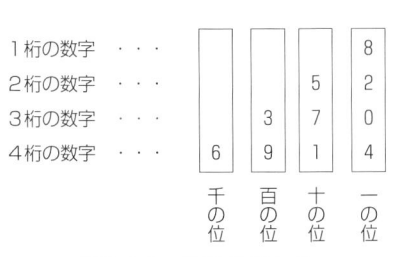

```
1桁の数字 ・・・                        8
2桁の数字 ・・・                5      2
3桁の数字 ・・・         3      7      0
4桁の数字 ・・・  6      9      1      4
                千      百      十      一
                の      の      の      の
                位      位      位      位
```

図6.2.1　数字の桁と位

◎まず，数字を特徴づける桁と位の概念を確認してください。
◎Q6.2.1の内容は以下の3ステップに還元できます。

　　☆ステップ1：百の位の数字を選ぶ
　　　　◇5枚のカードから選ぶ　→5通り
　　☆ステップ2：十の位の数字を選ぶ
　　　　◇残りの4枚から選ぶ　→4通り　→ $5×4×3=60$ 通り
　　☆ステップ3：一の位の数字を選ぶ
　　　　◇残りの3枚から選ぶ　→3通り　　∴数字〔123〕が
　　　　　　　　　　　　　　　　　　　　　出現する確率は
　　　　　　　　　　　　　　　　　　　　　$1/60≒0.0167$

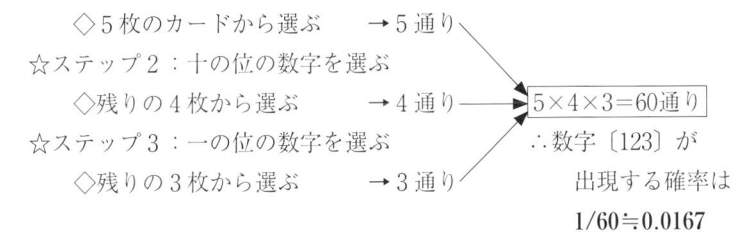

◎上の3ステップを樹形図で描くと理解しやすくなります。

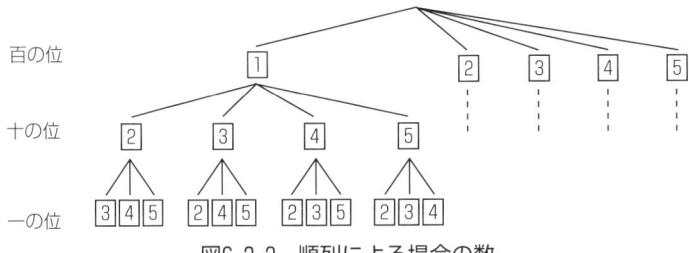

```
百の位        1              2   3   4   5
           / | | \
十の位    2  3  4  5
         /|\ /|\ /|\ /|\
一の位  345 245 235 234
```

図6.2.2　順列による場合の数

(3) 組み合わせによる場合の数

> **Q6.2.2**
> 5枚の数字カード（ $\boxed{1}\boxed{2}\boxed{3}\boxed{4}\boxed{5}$ ）が入っている箱の中から，同時に3枚のカードを取り出します。取り出し方は何通りになりますか。ただし，例えば $\boxed{1}\boxed{2}\boxed{3}$ の順番で取った場合と， $\boxed{1}\boxed{3}\boxed{2}$ の順番で取った場合を，同じ1種類の組み合わせとして数えます。

◎順番を問題にしないとき**組み合わせ**の問題と言います。順番を問題にするときは順列の問題です。

　　☆5枚のカードから3枚を取り出す確率は，前頁の図6.2.2の樹形図が表現しているとおりになります。

$$\boxed{5 \times 4 \times 3 = 60 通り \cdots\cdots ①}$$

　　☆組み合わせが可能なすべての場合を尽くすときは，ダブリ（重複）の場合が発生するので，図6.2.3のように重複する場合の数を数えます。

　　　◇3枚のカードを取り出すのだから，図6.2.3の例では $\boxed{3}\boxed{4}\boxed{5}$ については6通りが重複すると分かります。

$$\boxed{3 \times 2 \times 1 = 6 通り \cdots\cdots ②}$$

　　　◇ $\boxed{1}\boxed{2}\boxed{3}$ の場合も， $\boxed{2}\boxed{3}\boxed{4}$ の場合も，ダブリが同様に6通りずつになります。

　　☆だから，5枚のカードから同時に3枚を取り出すときは，上述の①を②で割り算した数になります。

$$\boxed{\frac{5 \times 4 \times 3}{3 \times 2 \times 1} = 10 通り}$$

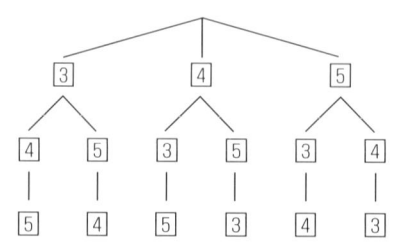

図6.2.3　組み合わせによる重複する場合の数

(4) 順列と組み合わせの公式

> Q6.2.3 ─────────
> 場合の数について，本書の範囲では，Q6.2.1とQ6.2.2に対応する樹状図による考え方を理解できれば十分です。ここでは飛躍して，対応する公式を挙げておきます。計算を試みて空所を埋めてください。

◎ n 個の対象物から r 個を抽出して並べる順列の数

$$_n P_r = \frac{n!}{(n-r)!}$$

〔n!〕は「nの階乗」と読みます。
$2! = 2 \times 1 = 1$
$3! = 3 \times 2 \times 1 = 6$
$4! = 4 \times 3 \times 2 \times 1 = 24$

$$_5 P_3 = \frac{5!}{(5-3)!} = [\qquad] \;\Rightarrow\; \text{Q6.2.1}$$

◎ n 個の対象物から r 個を取り出す組み合わせの数

$$\binom{n}{r} = \frac{n!}{r!(n-r)!}$$

$$\binom{5}{3} = \frac{5!}{3!(5-3)!} = [\qquad] \;\Rightarrow\; \text{Q6.2.2}$$

(5) 確率の表現法

$$P(事象Aの発生確率) = \frac{事象Aが生じる場合の数}{すべての場合の数}$$

P：probability

☆ $P(A) = 0.2$ ……事象Aの発生確率が〔0.2＝20％〕
☆ $P(a+b=0) = 0.5$ ……aとbの和が0になる確率は50％
☆ $P(英語得点 \leq 60) = 0.6$ ……英語得点が60以下の確率は60％
☆ $P(明日は雨が降る) = 0.3$ ……明日の降水確率は30％
☆ $P(東大に合格) = 0.12$ ……東大の入試で合格率は12％

(6) 確率の基礎定理

① 事象Aに関する確率は〔0～1〕の数値で定義されます。

$0 \leq P(A) \leq 1$

② 実験すると，標本空間Sにある点のどれかが必ず発生します。
だから，実験操作が発生点を発生させる確率は〔1〕になります。

$P(S) = 1$

③ 事象Aと事象Bについて以下の式が成り立ちます。

☆相互に排反でないとき（重なりがあるとき）➡図5.2.2④

$P(A \cup B) = P(A) + P(B) - P(A \times B)$

☆相互に排反であるとき（重なりがないとき）

$P(A \cup B) = P(A) + P(B)$

※ $A \cup B$（AカップB）⇒ A or B
「AまたはBに所属する」

$A \cap B$（AハットB）⇒ A and B
「AとBに所属する」

Q6.2.4

以下の文章を読んで，空欄を適切な数値で埋めてください。

◎**サイコロの標本空間**は S ＝ {1, 2, ＿, ＿, ＿, ＿} です。

☆サイコロを1回振ると，〔1, 2, 3, 4, 5, 6〕のいずれかが必ず出ます。
だから，目が出る確率は P(S) ＝〔　　　〕です。

☆それぞれの目が出る数学的確率は，

$P(1) = P(2) = P(3) = P(4) = P(5) = P(6) = \dfrac{[\quad]}{[\quad]}$

☆事象Aの確率P（A）を求めてみます。

◇ A ＝ {2, 4, 6}　⇒　A ＝ {2} ∪ {4} ∪ {6}

◇ だから

$P(A) = P(2) + P(4) + P(6) = \dfrac{[\ ]}{[\ ]} + \dfrac{[\ ]}{[\ ]} + \dfrac{[\ ]}{[\ ]} = \dfrac{[\ ]}{[\ ]}$

☆事象 A ＝ {2, 4, 6}　　事象 B ＝ {3, 6}　　事象 AB ＝ {6} ならば，

$P(A) = \dfrac{[\ ]}{[\ ]} \quad P(B) = \dfrac{[\ ]}{[\ ]} \quad P(AB) = \dfrac{[\ ]}{[\ ]}$

$P(A \cup B) = [\quad]$

(7) 素朴な了解とのズレ

A 6.1.1 ① & ②

◎確率は過去の結果によって左右されません。
　☆コインを5回投げたら，連続して表（H：head）が出たので，6回目もHを期待したら裏（T：tail）でした。
　　　◇コイン投げは表／裏だから，P（H）もP（T）もそのつど［1/2］の確率になるはずだから，Hが5回も連続するのは奇妙です。
　　　◇過去の状態が現在の状態に影響するのは常識的に明らかで，確率も例外ではないはずです。
　☆コイン投げは場合の数が［2］なので，どちらかが出る確率はいつも［1/2］で変わりません。
　　　◇どちらかが連続して出ても，そのつどの確率は［1/2］です。
　　　◇あとの節（§6.4）で解説する大数の法則で言い換えると，投げる回数を増やすほどHもTも確率が［1/2］に接近します。
◎確率は予測を保証しません。
　☆コイン投げに関する数学的な確率は［1/2］で，投げる回数を多くするほど統計的な確率も［1/2］に接近します。
　☆しかし，そのつどの確率は［1/2］です。
　　　◇つまり，Hが5回も出ても次の目が出る確率は［1/2］なのです。
　　　◇だから，たとえHが連続したあとでも，次はHが出る／Tが出ると予測・期待することはできません。
　☆統計的確率は，無限回の実行を経て認識できる近似値を意味します。

A 6.1.1 ③

◎降水確率は，以下の手順で決定されている統計的確率です。
　☆明日の予想天気図と過去の天気図を比較します。
　　　◇類似した気象データが10あるとして，
　　　◇そのうち7つが雨だったなら，降水確率70%と判断します。
　☆降水確率は10%刻みで表現します。
　　　◇例えば［0%〜5%］ならば0%になります。
　　　◇［5%〜15%］ならば10%になります。
　　　◇［0%］と宣言されても，0を意味するとは限りません。

第6章 確率と正規分布

§6.3 確率変数と分布

―テーマ6.3―
事象Aの確率をP(A)と表記します。その(A)を数値で表現すると，確率を変数化できます。つまり，グラフの横軸に数値を，縦軸に確率の値を設定して分布を問題にすることができます。そして，その確率分布を基準にして観察データのズレを評価すると，推定や仮説の妥当性を判断できます。本節で，この重要な問題に向かう入り口を開きます。

(1) 標本空間

Q6.3.1
空所に適切な表現または数値を補充しながら内容を理解してください。
◎コイン投げを例にして，表の目をH(head)で，裏の目をT(tail)で，表記します。
　☆3個のコインを同時に投げます。出る目は8通りの組み合わせになるので，そのすべてをあげてください。組み合わせが可能な全セットを**標本空間S**と呼び，それぞれの組み合わせを**標本点**と呼びます。
　　S＝{　　　，　　　，　　　，　　　，　　　，　　　，　　　，　　　}
　☆標本空間のサイズSを以下の公式で算出できます。
　　$S = N^n$　　N：可能な目の数　　n：関与させる個数
　　　◇だから，3個のコインを投げるとき，
　　　　$S = 2^3 = [\quad]$

H6.3.1
樹形図が以下のようになります。標本点の違いと数を直感的に読み取ることができます。

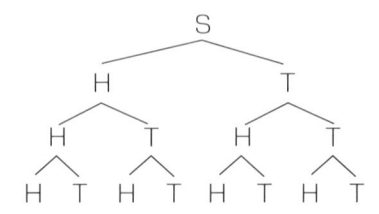

```
                S
               / \
              H   T
             /\   /\
            H  T H  T
           /\ /\ /\ /\
          H T H T H T H T
```

Q6.3.2

空所に適切な表現または数値を補充しながら内容を理解してください。

◎表のHが出た回数をXとすると、裏Tと表Hの組み合わせの数は、以下のように分布します。

　　　{X=0} = {TTT}
　　　{X=1} = {HTT, THT, TTH}
　　　{X=2} = {HHT, HTH, THH}
　　　{X=3} = {HHH}

◎事象Aの発生確率は以下のように定義されます（➡§6.2.1）

$$P(A) = \frac{[\qquad\qquad]の数}{[\qquad\qquad]の数}$$

☆だから、それぞれの場合の確率は以下のようになります。

$$P(X=0) = \frac{[\quad]}{[\quad]} \qquad P(X=1) = \frac{[\quad]}{[\quad]}$$

$$P(X=2) = \frac{[\quad]}{[\quad]} \qquad P(X=3) = \frac{[\quad]}{[\quad]}$$

Q6.3.3

◎サイコロを2回振った和は、S={2, 3, 4, 5, 6, 7, 8, 9, 10, 11, 12} の値を取る確率変数です。

◎標本点となる組み合わせをすべて指摘してください。

{X=2} =
{X=3} =
{X=4} =
{X=5} =
{X=6} =
{X=7} =
{X=8} =
{X=9} =
{X=10} =
{X=11} =
{X=12} =

（2）確率分布

◎サイコロを2回振った和は，以下のように確率を算出できます。

$P(X=2)=1/36$　　$P(X=6)=5/36$　　$P(X=10)=3/36$
$P(X=3)=2/36$　　$P(X=7)=6/36$　　$P(X=11)=2/36$
$P(X=4)=3/36$　　$P(X=8)=5/36$　　$P(X=12)=1/36$
$P(X=5)=4/36$　　$P(X=9)=4/36$

> **Q6.3.4**
> 確率変数Xに対応する確率Pを算出できるので，その分布を以下のようにグラフ化できます。図6.3.2を完成してください。

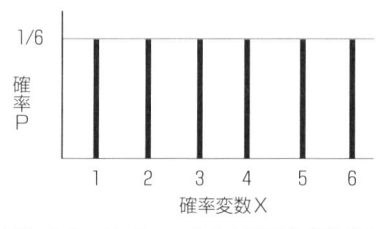

図6.3.1　サイコロを1回振る確率分布

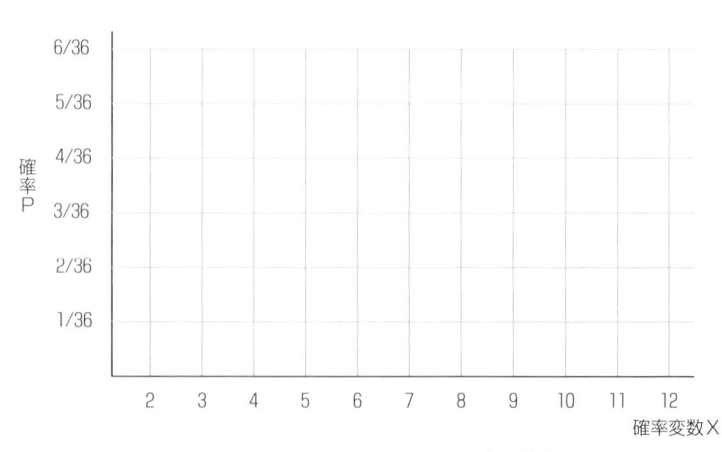

図6.3.2　サイコロを2回振る確率分布

§6.4 大数化と正規分布

> テーマ6.4
> 　身長や体重などの量的変数（➡§2.2.1）によるデータは，正規分布という重要な意義を持つ分布形状に近似します。この意義をはっきりと理解できるように導きます。大きな山場の一つですので，がんばってください。

(1) 大数の法則

◎ §5.3でランダム・サンプリング（無作為の標本抽出）の手順を体験的に理解できるように導きました。その要点を再確認しておきましょう。

　　☆ランダム・サンプリングされた標本の平均値は，標本サイズが大きくなるほど安定してきます。

　　☆しかも，分布形状が正規分布（➡図2.2.8の①）に近似してきます。**大数の法則**と言います。経験的な法則ですが，とても強力です。

◎ 大数の法則を擬似的に表現すると，図1.1.2で，本流が太くなるほど，支流を巻き込んで，一様の流れかのように見えてくる過程をイメージできます。少し飛躍して下の図6.4.1のように考えてみましょう。

　　☆一方で，水準Aから水準Bを経て水準Cに向かうマクロ化の過程が進行します。他方では，水準Cから水準Bを経て水準Aに向かうミクロ化の過程が進行します。ラセン的な上下運動が生成される過程です。

　　　◇水準A：異質なミクロ多変数が相殺しあう不定的な状態です。
　　　◇水準B：異質なマクロ少変数が葛藤しあう解決志向的な状態です。
　　　◇水準C：同質のマクロ少変数が分化して向き合っている状態です。

　　☆大数化するほど水準Cかのように見えてきます。しかし，その実態は水準Aであり，個的作用を相殺して埋没させます。

　　☆個性は水準Bで現れてくるので，大数化や小数化をほどよく抑制する制御機能の関与が必要になります。心理学は水準Bに関心があります。

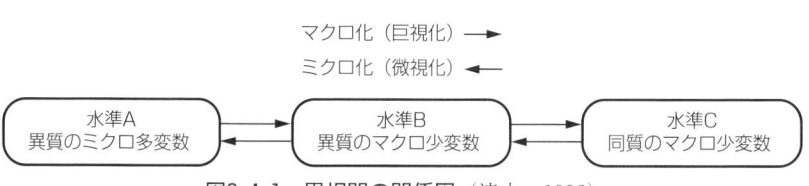

図6.4.1　異相間の関係図（清水，1992）

表6.4.1 乱数表の例（吉田，2006，p.458より一部抜粋）

※下の表では，数値も配列もすべてランダム（でたらめ）になっています。

列＼行	(1)	(2)	(3)	(4)	(5)	(6)	(7)	(8)	(9)	(10)
1	10480	15011	01536	02011	81647	91646	69179	14194	62590	36207
2	22368	46573	25595	85393	30995	89198	27982	53402	93965	34095
3	24130	48360	22527	97265	76393	64809	15179	24830	49340	32081
4	42167	93093	06243	61680	07856	16376	39440	53537	71341	57004
5	37570	39975	81837	16656	06121	91782	60468	81305	49684	60672
6	77921	06907	11008	42751	27756	53498	18602	70659	90655	15053
7	99562	72905	56420	69994	98872	31016	71194	18738	44013	48840
8	96301	91977	05463	07972	18876	20922	94595	56869	69014	60045
9	89579	14342	63661	10281	17453	18103	57740	84378	25331	12566
10	85475	36857	43342	53988	53060	59533	38867	62300	08158	17983
11	28918	69578	88231	33276	70997	79936	56865	05859	90106	31595
12	63553	40961	48235	03427	49626	69445	18663	72695	52180	20847
13	09429	93969	52636	92737	88974	33488	36320	17617	30015	08272
14	10365	61129	87529	85689	48237	52267	67689	93394	01511	26358
15	07119	97336	71048	08178	77233	13916	47564	81056	97735	85977
16	51085	12765	51821	51259	77452	16308	60756	92144	49442	53900
17	02368	21382	52404	60268	89368	19885	55322	44819	01188	65255
18	01011	54092	33362	94904	31273	04146	18594	29852	71585	85030
19	52162	53916	46369	58586	23216	14513	83149	98736	23495	64350
20	07056	97628	33787	09998	42698	06691	76988	13602	51851	46104
21	48663	91245	85828	14346	09172	30168	90229	04734	59193	22178
22	54164	58492	22421	74103	47070	25306	76468	26384	58151	06646
23	32639	32363	05597	24200	13363	38005	94342	28728	35806	06912
24	29334	27001	87637	87308	58731	00256	45834	15398	46557	41135
25	02488	33062	28834	07351	19731	92420	60952	61280	50001	67658
26	81525	72295	04839	96423	24878	82651	66566	14778	76797	14780
27	29676	20591	68086	26432	46901	20849	89768	81536	86645	12659
28	00742	57392	39064	66432	84673	40027	32832	61362	98947	96067
29	05366	04213	25669	26422	44407	44048	37937	63904	45766	66134
30	91921	26418	64117	94305	26766	25940	39972	22209	71500	64568

§6.4 大数化と正規分布

(2) 乱数表の使い方

◎任意の数字からスタートして，図6.4.2のような順序で数字を抽出します。

☆ここでは［48360］（行2，列3）から始めて，右へと数字を抽出する場合で説明します。

◇5桁の数字を抽出する場合。

［48360］→［22527］→［97265］→……

◇最初の2桁の数字を抽出する場合。

［48］→［22］→［97］→……

◇1番目と3番目と5番目の数字で3桁を抽出する場合。

［430］→［257］→［925］→……

◇後ろの1桁を抽出する場合。

［0］→［7］→［5］→……

◇真ん中の3桁を抽出する場合。

［836］→［252］→［726］→……

☆どのような規則で数字を抽出するかは，自分で決めてかまいません。

行＼列	(1)	(2)	(3)	(4)	·	·
1	10480	15011	01536	02011	·	·
2	22368	46573	25595	85393	·	·
3	24130	48360	22527	97265	·	·
4	42167	93093	06243	61680	·	·
5	37570	39975	81837	16656	·	·

行＼列	(1)	(2)	(3)	(4)	·	·
1	10480	15011	01536	02011	·	·
2	22368	46573	25595	85393	·	·
3	24130	48360	22527	97265	·	·
4	42167	93093	06243	61680	·	·
5	37570	39975	81837	16656	·	·

行＼列	(1)	(2)	(3)	(4)	·	·
1	10480	15011	01536	02011	·	·
2	22368	46573	25595	85393	·	·
3	24130	48360	22527	97265	·	·
4	42167	93093	06243	61680	·	·
5	37570	39975	81837	16656	·	·

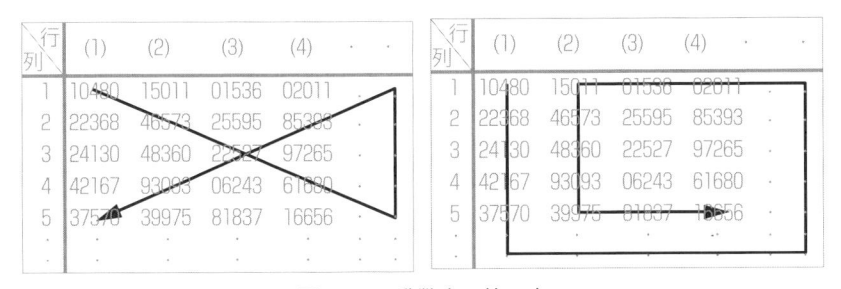

図6.4.2　乱数表の使い方

第6章 確率と正規分布

◎下の表6.4.2は，中学1年生を想定した国語の得点を表します。

　☆国語は，誕生後からずっと接触している母国語ですから，ほぼ正規分布の形状（図2.2.8①）になる傾向があります。

　☆例えば数学ですが，小学5年ぐらいで半数より以上が落ちこぼれてしまうそうです。ならば，中学1年では双極的な分布（図2.2.8④）になると予想されます。

　☆例えば英語ですが，中学1年から学習が始まったばかりで，内容も平易な段階なので，右へと偏った分布（図2.2.8②）になります。ただし，小学校から英語学習が始まろうとしていますので，中学1年ともなると，数学と同様に双極的な分布になるでしょう。大変なことです。

表6.4.2　国語の得点（N＝100）

No.	得点	No.	得点	No.	得点	No.	得点	No.	得点
00	31	20	61	40	25	60	41	80	54
01	49	21	48	41	29	61	71	81	63
02	25	22	17	42	51	62	24	82	43
03	54	23	66	43	46	63	42	83	35
04	52	24	58	44	73	64	53	84	50
05	63	25	73	45	64	65	58	85	71
06	71	26	72	46	29	66	45	86	40
07	50	27	51	47	66	67	51	87	66
08	42	28	48	48	25	68	33	88	48
09	52	29	42	49	70	69	27	89	32
10	42	30	52	50	56	70	51	90	62
11	66	31	53	51	51	71	20	91	88
12	70	32	59	52	61	72	37	92	41
13	54	33	50	53	31	73	48	93	39
14	58	34	77	54	68	74	46	94	49
15	55	35	53	55	32	75	70	95	27
16	33	36	60	56	37	76	74	96	63
17	49	37	34	57	55	77	51	97	50
18	62	38	58	58	35	78	58	98	64
19	10	39	45	59	63	79	60	99	49

Q6.4.1

前頁の表6.4.2は，100名分の国語テストの得点で，平均値50点（M＝50.26），標準偏差15（SD＝14.96）です。これを母集団とみなして，いくつかの標本を抽出します。

☆下の表6.4.3に，サンプルサイズ10の標本①〜③を作りましょう。
☆次頁の表6.4.4に，サンプルサイズ20の標本④と⑤を作りましょう。
☆ランダムサンプリングするために，表6.4.1の乱数表で00〜99の2桁の数字を作成して，乱数と同じ出席番号（No.）の得点を記録します。
☆各標本の平均値と標準偏差を算出してください。（➡ §2.3.2）

表6.4.3 サンプルサイズ10の標本

番号	標本①				標本②				標本③			
	乱数＝No.	得点 X	偏差 D	偏差二乗 D^2	乱数＝No.	得点 X	偏差 D	偏差二乗 D^2	乱数＝No.	得点 X	偏差 D	偏差二乗 D^2
1												
2												
3												
4												
5												
6												
7												
8												
9												
10												

① $\Sigma X =$
　M＝
　$\Sigma D^2 =$
　$\Sigma D^2 \div N =$
　SD＝

② $\Sigma X =$
　M＝
　$\Sigma D^2 =$
　$\Sigma D^2 \div N =$
　SD＝

③ $\Sigma X =$
　M＝
　$\Sigma D^2 =$
　$\Sigma D^2 \div N =$
　SD＝

第6章 確率と正規分布

表6.4.4 サンプルサイズ20の標本

番号	標本④				標本⑤			
	乱数＝No.	得点 X	偏差 D	偏差二乗 D^2	乱数＝No.	得点 X	偏差 D	偏差二乗 D^2
1								
2								
3								
4								
5								
6								
7								
8								
9								
10								
11								
12								
13								
14								
15								
16								
17								
18								
19								
20								

④ $\Sigma X =$
　$M =$
　$\Sigma D^2 =$
　$\Sigma D^2 \div N =$
　$SD =$

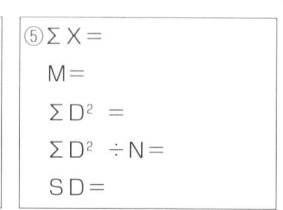

⑤ $\Sigma X =$
　$M =$
　$\Sigma D^2 =$
　$\Sigma D^2 \div N =$
　$SD =$

Q6.4.2

◎表6.4.5と表6.4.6は，いずれも表6.4.2の母集団から抽出した標本の平均値と標準偏差です。あなたが表6.4.3と表6.4.4で算出した平均値と標準偏差を書き入れましょう。〔　〕に当てはまる適語を選択しながら，以下を読み進めてください。

◎母集団（表6.4.2）の母平均値 μ は50点で，母標準偏差 σ は15でした。

◎サンプルサイズが10の標本の平均値と，サイズ20の標本の平均値を比較してみると，〔サイズ10／サイズ20〕の標本のほうが母平均値（$\mu=50$点）に近似している値が多いことがわかります。

◎標準偏差も，サイズ20の標本のほうが母標準偏差 σ に近いようです。
　☆計算過程を変えると，さらに母標準偏差 σ に近似します。

◎このように，サイズが〔多い／少ない〕標本のほうが母集団の平均値に近似していく確率が高くなる現象を**大数の法則**といいます（➡ §5.4.2）。

◎平均値をデータ値として算出した値が，**期待値**です。この期待値は母平均に近似します。あなたの計算結果ではどうなりましたか？

表6.4.5　サンプルサイズ10の場合

標本①～③の平均値と標準偏差を書きましょう

平　均　値	標準偏差
55.9	11.2
45.6	11.0
45.2	12.7
51.8	17.4
57.0	8.9
49.3	14.0
50.5	12.9

表6.4.6　サンプルサイズ20の場合

標本④～⑤の平均値と標準偏差を書きましょう

平　均　値	標準偏差
48.1	13.0
51.9	15.9
51.3	13.9
54.7	15.3
49.9	16.1
49.7	12.5
48.4	14.6
52.9	12.8

上表の平均値をデータとして，その平均値を求めましょう。

(3) 正規分布の特性と形状

Q6.4.3

◎表6.4.2の国語得点のデータ（100名分）を集計して，図6.4.3を完成させてください。どんな形のヒストグラムになると思いますか？ カテゴリごとに人数の偏りがありますか？

◎3つのカテゴリに集計しなおして，表6.4.7に人数とその割合を書き入れてください。

　　☆35点以上と表現したときは，35点を含みます（例35，36，37…）。
　　☆65点以下と表現したときは，65点を含みます（例…63，64，65）。

図6.4.3　国語得点のヒストグラム（N=100）

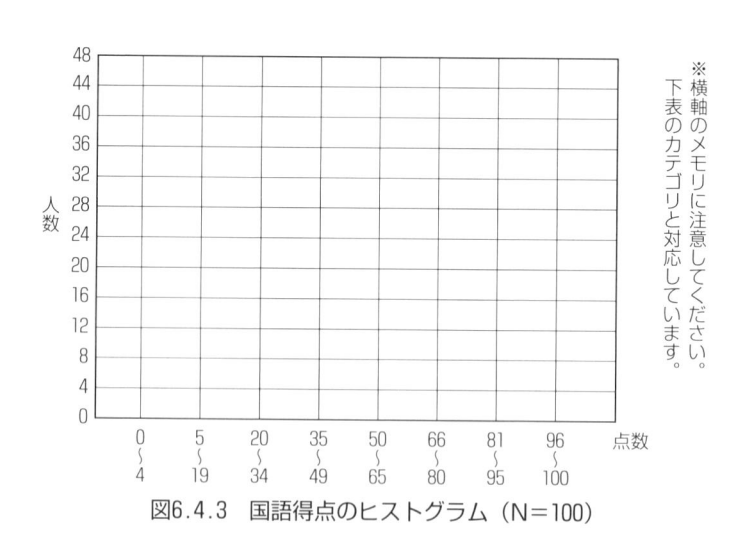

※横軸のメモリに注意してください。下表のカテゴリと対応しています。

表6.4.7　カテゴリの人数と割合（％）

カテゴリ	人数	％（人数÷100）
35点以上　65点以下		
20点以上　80点以下		
5点以上　95点以下		

§6.4 大数化と正規分布

A 6.4.3
◎国語の点数や体重などのような量的な変数（→§2.2.1）は，以下のような特徴を持つ正規分布に近似していきます（図6.4.4参照）。

☆正規分布する母集団の平均値をμ（ミュー），標準偏差をσ（シグマ）で表します。

　[$\mu\pm(1\times\sigma)$]の範囲に，データの約68.3%が入ります。
　[$\mu\pm(2\times\sigma)$]の範囲に，データの約95.4%が入ります。
　[$\mu\pm(3\times\sigma)$]の範囲に，データの約99.7%が入ります。

☆表6.4.2の国語得点のデータは正規分布する母集団で，平均μは50点で，標準偏差σは15でした。

　◇[$\mu\pm(1\times\sigma)$]の範囲は[〔　　〕±(1×〔　　〕)]の範囲です。つまり，35点以上65点以下の範囲を意味します。表6.4.7をみるとこの範囲に入るデータは約〔　　〕%でした。

　◇[$\mu\pm(2\times\sigma)$]の範囲は[〔　　〕±(2×〔　　〕)]の範囲です。つまり，〔　　〕点以上〔　　〕点以下の範囲です。表6.4.7をみると，この範囲に入るデータは約〔　　〕%でした。

　◇[$\mu\pm(3\times\sigma)$]の範囲は[〔　　〕±(3×〔　　〕)]の範囲です。つまり，〔　　〕点以上〔　　〕点以下の範囲です。表6.4.7をみると，この範囲に入るデータは約〔　　〕%でした。

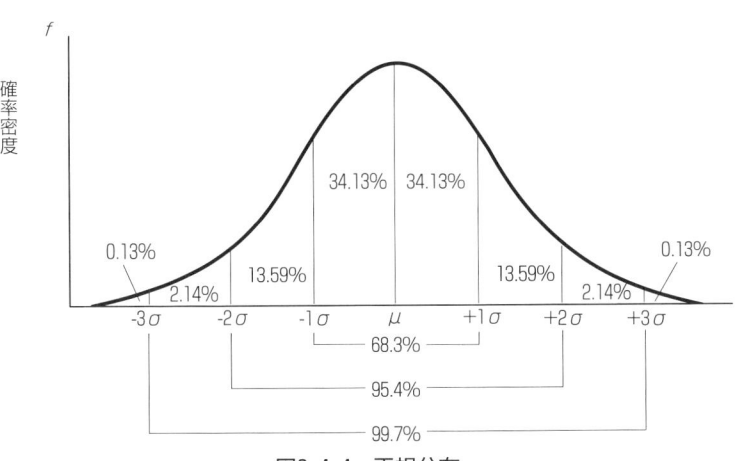

図6.4.4　正規分布

第6章 確率と正規分布

> **Q6.4.4**
> ◎表6.4.2の国語得点のデータからサンプルサイズ25の標本を30個抽出して，**平均値**を算出しました。その結果を下の表6.4.8にまとめました。小数点以下を四捨五入した値です。
> ◎平均値をデータ値として分布を描くと，どんな分布になると思いますか？

表6.4.8　サンプルサイズ25の標本30個の平均値

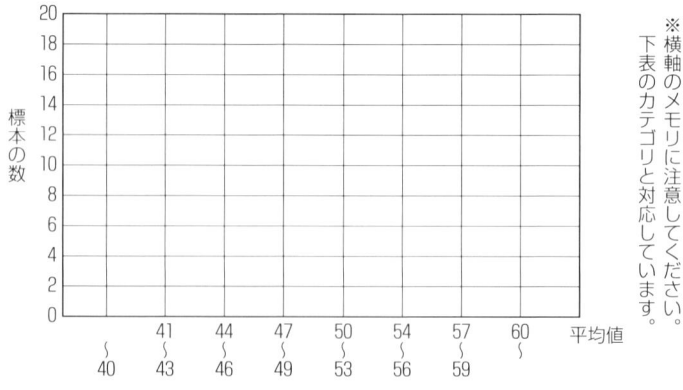

標本No.	平均	標本No.	平均	標本No.	平均	標本No.	平均	標本No.	平均
1	52	7	52	13	51	19	49	25	50
2	52	8	51	14	47	20	48	26	53
3	55	9	53	15	52	21	53	27	48
4	52	10	52	16	48	22	47	28	48
5	44	11	50	17	51	23	58	29	57
6	47	12	47	18	55	24	50	30	47

図6.4.5　サンプルサイズ25の標本の平均値のヒストグラム

※横軸のメモリに注意してください。下表のカテゴリと対応しています。

表6.4.9　カテゴリごとの標本数と割合（％）

カテゴリ	標本の数	％（標本の数÷30）
47点以上　53点以下		
44点以上　56点以下		
41点以上　59点以下		

§6.4 大数化と正規分布

A6.4.4
◎正規分布する母集団からサンプリングした標本の平均値をデータとして分布を描くと，その分布もまた正規分布に近似します。
　☆これを，**標本平均の分布**，または，**平均値の標本分布**といいます。
◎平均値の標本分布には，以下のような特徴があります（中央極限定理）。
　☆平均値μ，標準偏差σの母集団から，サンプルサイズnの標本を何回も抽出するとき，nを十分大きくしていくと，**標本平均の分布**の**平均値**は母平均μに近似します。
　☆**標本平均の分布**の**標準偏差**は，母標準偏差σの$\frac{1}{\sqrt{n}}$に近似します。
◎表6.4.2の国語得点のデータを母集団と仮定して（$\mu=50$, $\sigma=15$），サンプルサイズ25（n=25）の標本を30個抽出しました。
　☆このとき**標本平均の分布**は，平均値＝50，標準偏差3の**正規分布**に近似していきます（下図6.4.6）。

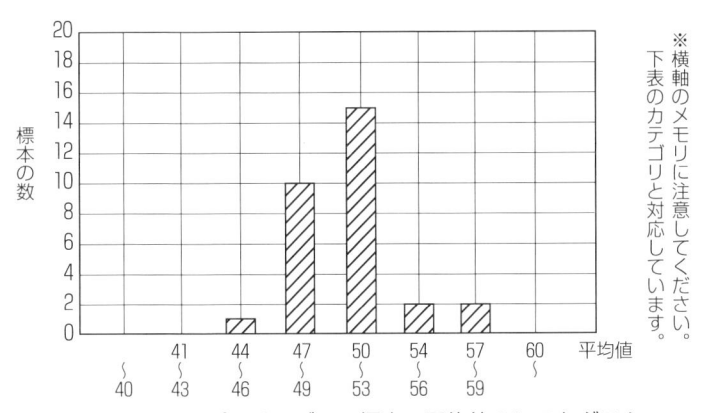

図6.4.6　サンプルサイズ25の標本の平均値のヒストグラム

※横軸のメモリに注意してください。下表のカテゴリと対応しています。

表6.4.10　カテゴリごとの標本数と割合（％）

カテゴリ	標本の数	％（標本の数÷30）
47点以上　53点以下	25	0.83（83％）
44点以上　56点以下	28	0.93（93％）
41点以上　59点以下	30	1.00（100％）

第7章 母平均の推定

　研究は，ある集団を対象化して調査や実験を実施します。そして，対象化した集団に関する特定的な傾向を知ることより以上に，母集団に関する一般的な傾向を知ることに関心があります。しかし，母集団に相当する全数の調査を実施することなど現実的に無理な要求です。この問題を解決するために，必ずランダム・サンプリング（無作為の標本抽出➡§5.3.2）の手続きを実行して，算出した標本平均（標本の平均値）から母平均（母集団の平均値）を統計的に推定します。標本のサンプリングが不適切で推定した母平均が母集団特性を適切に反映できていないときは誤った結論を導くことになります。

§7.1　ウォームアップ

> テーマ7.1
> 　統計学では推定または推測(inference)と言います。他方で，日常生活においては，期待や予期(expectancy)または信念や信仰(belief)が問題になります。いずれも，未来において発生する確率の見込み(probability)を表現しています。統計的推測と日常的信念との違いを見てみましょう。

(1) 信念と行動

Q7.1.1
◎イソップ童話に，以下のような話が載っています。キツネが，たわわに実ったおいしそうなブドウを見つけました。食べようと跳び上がったのですが，ブドウはみな高い所にあり，届きません。何度も跳んだのですが，届きません。
◎続いてキツネは，どのように言って，どのような行動をしたと思いますか。以下にキツネの言動を述べて，キツネの気持ちを書いてください。

> 言動
> 気持ち

Q7.1.2

まず，Festinger et al. (1956) による調査研究を紹介します。

◎アメリカで，30人ほどの宗教団体がありました。

　☆地球外の精霊からメッセージを受信できるという女性が教祖です。

　　◇まもなく大洪水のために世界が滅びるが，信者はUFOが来て救出してくれると預言していました。

　　◇運命の日まで，信者たちは外部の人との接触を避けて，心の準備をして待っていました。

　☆運命の日が来ても，大洪水は起こらずUFOも来ませんでした。

◎このあと信者たちは，どのような振る舞いをしたかを予測して，その理由を考えてください。

```
言動

理由
```

Q7.1.3

◎共犯者と思われるAとBに，警官は自白を促すために条件を出しました。

　①2人が黙秘したら，2人とも懲役2年を課す。

　②1人だけ自白したら，すぐに釈放する（懲役0年）。
　　自白しなかった他方は懲役10年を課す。

　③2人とも自白したら，2人とも懲役5年を課す。

	囚人B：協調	囚人B：裏切り
囚人A：協調	2年：2年	10年：0年
囚人A：裏切り	0年：10年	5年：5年

◎次の条件で，Aはどのように振る舞うか予測して理由を書いてください。

　ⓐAとBは親しい友人である。

　ⓑAとBは偶然に出会って，おカネに困って共犯した。

ⓐ行動	ⓑ行動
理由	理由

(2) コンテクスト

◎仮にですが，母平均を，一定の**コンテクスト**（context）における一般的な人の振る舞い方と考えてみましょう。

☆この状況での適切な振る舞い方（母平均）から逸脱をした程度（偏り）によって，そのつど人の振る舞い方を意義づけることができます。その結果として，以下のように概念を区別できます。

◇期待：母平均からの逸脱度が小さい場合の予測を表す認知
◇信念：母平均からの逸脱度が大きい場合の予測を表す認知

☆研究を開始する前に，関連する諸概念のネットワークを分析して，主要な概念の関係を明確にしておかなければなりません。

[H]7.1.1

以下の解説文で，〔 〕に当てはまる適切な語句を選んでください。

◎イソップ物語によれば，ブドウを取れなかったキツネは怒って，「あれは，酸っぱいブドウさ！」と捨て台詞を残して立ち去りました。

☆キツネにとって，ブドウは〔魅力が大きい／魅力が小さい〕ものだったから，酸っぱいブドウだと言ったのです。

☆お腹が空いていたのに，きっと甘いブドウにちがいないのに，取ることができなかった自分が〔愛おしかった／情けなかった〕のです。

☆期待を達成できない自分が〔嬉しくて／悔しくて〕怒ったのです。

[H]7.1.2

以下の解説文で，〔 〕に当てはまる適切な語句を選んでください。

◎予言に失敗したあと，初めは信じられず当惑していました。そのうちに，「自分たちの信仰が深かったから地球は救われたのだ！」と納得しあって，積極的に社会に出て，団体の広報活動をするようになりました。

☆思わず「ウソでしょ」と言いたくなります。日本で発生したサリン事件の起承転結を考えると，〔事実である／事実ではない〕と認められます。

☆注目すべきは，母平均からの逸脱程度が〔大きい／小さい〕小集団での出来事という点です。小集団を維持するには，〔期待／信念〕の強化が必要になります。

☆逆説的ですが，預言に失敗したから，積極的に行動するようになったのだと理解できます。

§7.1 ウォームアップ

H 7.1.3 ─────────────
以下の解説文で，〔 〕に当てはまる適切な語句を選んでください。
◎囚人ジレンマと呼ばれる葛藤情況を表しています。
　☆囚人2人にとって，相互に裏切って5年の刑を受けるよりも，協調して2年の刑を受けるほうが相互に〔利得／損失〕があります。しかし，自分だけの利得を追究すると，相互の裏切りで5年の刑を受けることになるという〔利得／損失〕が発生します。
　☆Aの立場で考えると以下のように考えるでしょう。
　　　◇Bが協調を選んだとき，自分（A）は〔協調する／裏切る〕ことで0年の刑になる。だから，〔協調／裏切り〕のほうが得だ。
　　　◇Bが裏切りを選択すると，自分が〔協調する／裏切る〕ことで10年の刑になり，自分が〔協調する／裏切る〕ことで5年の刑になる。だから，5年の刑になったほうが得だ。
　　　◇以上のように考えた結果，Aは〔協調／裏切り〕が最善策であると考えるでしょう。Bもまた同様に考えるはずです。
　☆実験を構成して実行すると，このような結果へと到ることが確認されています。ただし，諸条件を変化させるとジレンマを解消できます。

◎大事なのは，裏切られるという不安や恐怖が原因で裏切るという結果になるのではなく，最善策を考えて裏切ることになる点です。実験によって何度も確認されている問題です。
　☆最善の策を考えるということは，言い換えれば，母平均を十分に検討することを意味します。
　　　◇これは，性善説や性悪説などという問題ではなくて，コンテクストに応じて自分の言動をコントロールするからこそ発生する問題であると考えなければなりません。
　　　◇裏返すと，コンテクストを変えることで協調が実現する可能性があると言っているのです。そうであれば，協調および裏切りを実現させるコンテクストを規定する諸条件を明らかにしなければなりません。
　☆標本平均から母平均を推定するという統計的処理は，このような実証的な意義を背景に孕んでいます。その意義を心得たうえで，次節から開始する解説を読み進めてください。

§7.2 点推定

―テーマ7.2―
　標本の平均値や標準偏差から，母集団の母平均や母標準偏差などの母数を推定できます。この第7章は理解のしやすさを考慮して，母平均の推定だけに話題を絞ります。それ以上の処理が必要な場合は，パソコンを動員すればよいことだからです。母平均の推定と言うときは，点推定と区間推定があります。点推定では，単一の数値を母平均として推定します。区間推定では，母平均が入るはずの範囲を推定します。本節では点推定について解説します。

(1) いくらの時給ならば働く？

Q7.2.1

◎あなたがアルバイトを探しているとします。時給1万円のアルバイト求人があったとしたら，あなたは働きたいと思いますか？　思いませんか？　理由と一緒に答えてください。

働きたいと思う／思わない
理由：

◎時給400円のアルバイトならば，あなたは働きたいと思いますか？

働きたいと思う／思わない
理由：

◎時給いくらのアルバイトならば働きたいと思いますか？

時給（　　　　　）円

(2) 母平均の点推定をしてみよう

Q7.2.2

◎アルバイトの時給は，高すぎても安すぎても敬遠されるようです。ならば，大学生が一般的に妥当だと思う時給の平均値（母集団の平均値）は，いくらなのでしょうか？

◎標本の平均値を母集団の平均値として採用する方法を**点推定**といいます。

◎表7.2.1は，大学生16名に「時給いくらのアルバイトならば働きたいと思いますか？」と尋ねた結果です。この標本を使って点推定をしましょう。

　☆平均値と標準偏差を算出しましょう（➡§2.3.2）。

表7.2.1　大学生が希望するアルバイトの時給

（単位：円）

番号	時給	偏差 D	偏差二乗 D^2
1	810		
2	820		
3	790		
4	830		
5	830		
6	760		
7	850		
8	730		
9	890		
10	710		
11	910		
12	680		
13	950		
14	640		
15	970		
16	630		

$\Sigma X =$

$M =$

$\Sigma D^2 =$

$\Sigma D^2 \div N =$

$SD =$

A7.2.2

　算出した平均値を下の〔　　〕内に入れて，点推定をしましょう。

　大学生一般が，働きたいと希望するアルバイトの時給の母平均値は，推定〔　　　　　〕円です。

§7.3 区間推定

―テーマ7.3―――――――――――――――――――――――――――
　点推定は，明快な母平均値を推定してくれます。しかし，標本の平均値は同じ母集団からサンプリングしたとしても，サンプリングごとに変化します（→§5.4.2）。つまり，推定する母平均は変動します。では，どのくらいの変動ならば推定値として確かだということができるのでしょうか？　本節では母平均の推定値を，その確からしさ（信頼度）とともに推定する方法を学びます。

(1) 母数の区間推定の種類

◎代表的な母数は，母平均値 μ や母標準偏差 σ です。
◎**区間推定**は，わからない母平均値 μ や母標準偏差 σ などを，その値が存在するであろう範囲で推定する方法です。
　　☆例えば，大学生が希望するアルバイトの時給の母平均を区間推定する場合ならば，「○○円から○○円までの範囲内に母平均が入る」のように推定します。
◎母平均値 μ と母標準偏差 σ の推定方法を整理してみると，以下のような種類があります（図7.3.1）。
　　☆本書では，母標準偏差 σ がわかっているときに，母平均値 μ の区間推定を行う場合を扱います。
　　☆そのほかの推定方法は，パソコンで試みてください。

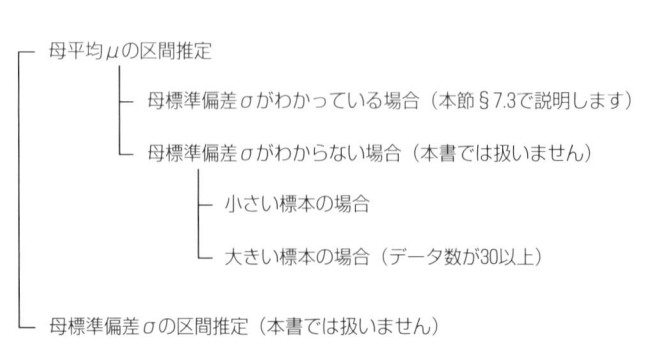

```
― 母平均μの区間推定
│     ― 母標準偏差σがわかっている場合（本節§7.3で説明します）
│     ― 母標準偏差σがわからない場合（本書では扱いません）
│           ― 小さい標本の場合
│           ― 大きい標本の場合（データ数が30以上）
― 母標準偏差σの区間推定（本書では扱いません）
```

図7.3.1　区間推定の種類

§7.3 区間推定

(2) 母平均の区間推定の計算方法

◎1つの標本データの平均値を利用して,母平均 μ が○○から○○までの区間に入る確率は95%である,というように推定します。

　☆95%の確率で母平均が入る範囲を**95%信頼区間**と言います。

　☆95%の**信頼度**で,母平均は○○から○○までの間にあると表現します。

◎推定された母平均値の上限と下限を**信頼限界**と呼びますが,以下の式によって求めることができます(下図7.3.2:95%信頼区間の場合)。

　☆信頼限界で挟まれた範囲を**信頼区間**といいます。

$$上方信頼限界 = M + 1.96 \times \frac{\sigma}{\sqrt{n}}$$

$$下方信頼限界 = M - 1.96 \times \frac{\sigma}{\sqrt{n}}$$

　M:調査した標本の平均値
　n:標本のサンプルサイズ
　σ:母標準偏差

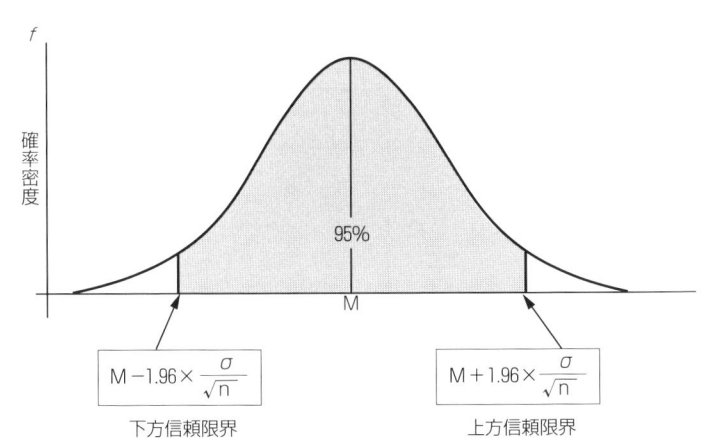

図7.3.2　母平均の区間推定(母標準偏差 σ が既知の場合)

(3) 95%の信頼度

◎図7.3.3は，母集団からサンプリングした20本の標本を表現しています。
　　☆1本の横棒が1つの標本に相当します。
　　☆白丸は，その標本の平均値Mに相当します。
　　☆白丸の左右の横棒は，その標本で区間推定した範囲です。
◎20本の標本のうち19本（95%）の標本は，区間推定した範囲の中に母平均 μ （縦の実線）が入っています。
　　☆言い換えると，残り5%（1本）の確率で，母平均 μ が，その推定区間に入らないことを意味します。
　　☆つまり，5%の確率で誤った区間推定をしていることになります。
◎誤って推定する確率を有意水準 α （危険率）といいます。どのくらいの誤りを許容するかは任意に設定できますが，研究分野の要請に応じます。
　　☆信頼度（95%）は，100%から危険率 α （5%）を差し引いた値です。
　　☆有意確率 α を10%に設定したときは，信頼度は90%になります。
　　☆有意確率 α を1%に設定したときは，信頼度は99%になります。

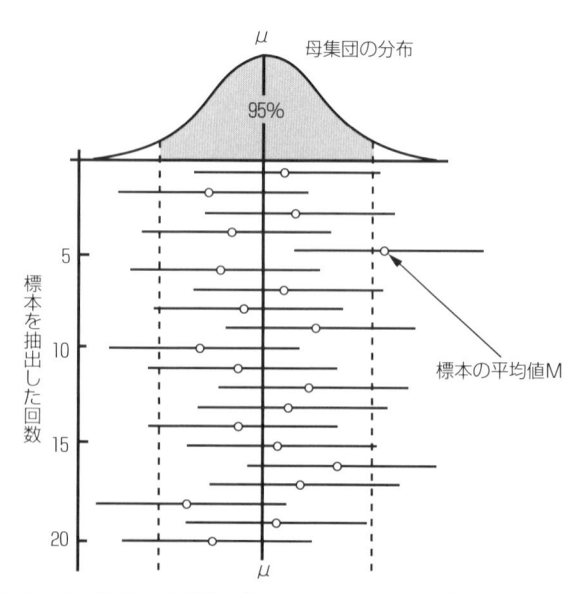

図7.3.3　95%の信頼度（涌井，2008，p.67を参照して作図）

(4) 母平均の区間推定をしてみよう

Q7.3.1

表7.2.1のデータを使って，一般の大学生が働きたいと思うアルバイトの時給金額に関する母平均を，信頼度95％のもとで区間推定します。ただし，母集団の標準偏差 σ は100であることがわかっているとします。

Q7.2.2で求めたのアルバイトの時給データの統計量

人数 $N = [16]$
平均 $M = [800]$
母標準偏差 $\sigma = [100]$

上方信頼限界 $= M + 1.96 \times \dfrac{\sigma}{\sqrt{n}} = [800] + \left(1.96 \times \dfrac{[100]}{\sqrt{[16]}}\right)$

$= [800] + \left(1.96 \times \dfrac{[100]}{[4]}\right)$

$= 800 + (1.96 \times 25) = 800 + 49 = 849$

下方信頼限界 $= M - 1.96 \times \dfrac{\sigma}{\sqrt{n}} = [] - \left(1.96 \times \dfrac{[]}{\sqrt{[]}}\right)$

$= [] - \left(1.96 \times \dfrac{[]}{[]}\right)$

$= [] - (1.96 \times [])$

$= []$

A7.3.1

◎結果を以下のようにまとめます。

一般の大学生が働きたいと思うアルバイトの時給に関する母平均の区間推定を行った。信頼度95％のもとで [　　　　] 円 $\leq \mu \leq$ 849.00円であった。

第8章 実験研究のデザイン

　統計学的方法を習得して適切に運用することで，新しい発見の探究や有意義な認識の確立へと向けた一連の研究成果が，科学的に妥当であると認められます。さらに，その研究論文が学会誌に掲載されると，多数の研究者によって批判的に検討されます。この試練に合格したとき知識として広く共有されます。効果的に種々の統計法を駆使するために，あらかじめ，3要件を明確にしておきます。①研究の目的と仮説を分析して言語化します。②一連の実験操作を適切に手続化します。③操作に対応する反応を適切に測定する尺度（➡§1.2.3）を構成して，操作手続の有効性と研究仮説の正当性を判断します。この3要件を具体化する過程を研究のデザインと表現して本章（第8章）で解説します。続く第9章で質問紙を使った調査法を解説して，本章を補完します。

§8.1　ウォームアップ

　テーマ8.1
　　まずは，本章の背景を貫く考え方（理法）の基本を浮かび上がらせます。
　　それは複合重層的な集合（➡§5.2）の問題ですので，参照しながら理解を
　　進めてください。

(1) 合理的思考

◎**合理的思考**と言って，2つの思考法を統合して考えておきます。なお，詳しくは照屋・岡田（2001）や齋藤（2010）などを参照してください。
　　☆**論理的思考**（logical thinking）
　　　　◇話を展開する筋道が適切になるように考えて表現します。
　　　　◇統計学的方法の適用は，適切な筋道で展開する論理的思考を前提条件
　　　　　にします。論理の筋道が不適切ならば統計処理は無効になります。
　　☆**批判的思考**（critical thinking）
　　　　◇話を展開する筋道が適切でない箇所を考えて指摘します。
　　　　◇「批判」とは揚げ足取りでなく，建設的な対案の提示を表します。
　　　　◇批判的な検討の許容が科学の本質的な成立条件になります。

Q8.1.1

以下の文章はいずれも非論理的です。その理由を指摘してください。

① 青果店は果物を売っている。だから，スイカは置いてない。

② あの生徒は朝食を食べてこないから学力が低いのだ。

③ ナマズが暴れると大地震になる。

④ 台風一過の秋晴れだ。だから，運動会が中止になった。

⑤ 駅前の商店街を歩いた。だから，お母さんに花を買った。

⑥ 彼はバイオリンが上手だよ。それでは，ブラスバンド部にぴったりだ。

第8章 実験研究のデザイン

(2) モレとダブリ

◎論理的（logical）とは，展開された筋道に**モレ**（欠落）や**ダブリ**（重複）などがない議論を意味します。裏返すと，筋道にモレやダブリがあれば**非論理的**と判断できます。図8.1.1で4つの型を図解しました（齋藤，2010，p.58）。

☆M型はモレがあって非論理的です。
　　◇部分集合の和が全体集合になりません。
　　◇例えば，現時点の政党には〔自民党＋公明党〕の他にもあります。
☆D型はダブリがあって非論理的です。
　　◇部分集合の和が全体集合になりません。
　　◇例えば，〔病院＝個人病院＋公立病院＋大学病院〕と定義したとき，大学病院が公立と私立に分かれるのでダブリがあります。
☆MD型はモレとダブリがあって非論理的です。
　　◇部分集合の和が全体集合になりません。
　　◇例えば，〔四駆＋3ナンバー車＋セダン〕で自家用車を定義するとモレもダブリも発生します。
☆EX型はモレもダブリもないので論理的です。
　　◇部分集合の和が全体集合で，部分集合は相互排反的です。
　　◇例えば，〔人＝男性＋女性〕と定義すれば論理的です。

①M型：$U \neq A+B$
モレあり

②D型：$U \neq A+B+C$
ダブリあり

③MD型：$U \neq A+B$
モレとダブリあり

④EX型：$U = A+B+C$
モレもダブリもなし

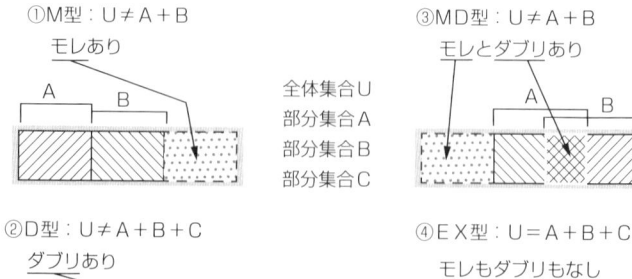

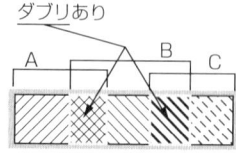

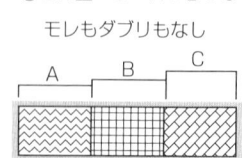

全体集合U
部分集合A
部分集合B
部分集合C

図8.1.1　論理を展開する筋道のモレとダブリ

§8.1 ウォームアップ

H8.1.1
①前提事実（理由）が誤りだと，結論は無意味なので非論理的になる。
②別の理由も考えられるのに，一つの理由で断定すると非論理的になる。
③理由と結論の間に飛躍が大きいと非論理的になる。
④接続詞や助詞が不適切だと非論理的になる。
⑤理由を十分に説明しないと非論理的になる。
⑥語の意味を間違えると非論理的になる。

(3) 論理ツリー（樹形図）

Q8.1.2
　図8.1.2の空所に適切な文を書き込んで完成してください。

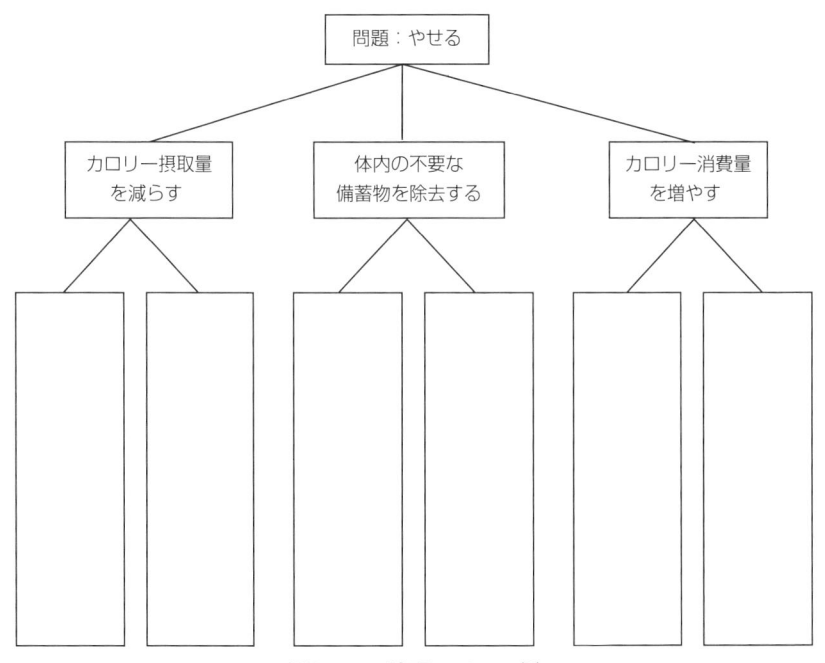

図8.1.2　論理ツリーの例

第8章 実験研究のデザイン

§8.2 研究仮説の構成

―テーマ8.2―

研究を遂行するために，まず，何が問題なのかを分析して把握しなければなりません。問題意識が不明確だと，どのような操作手続（**独立変数**）に，どのような反応測定（**従属変数**）を対応づけるか決定できません。独立変数と従属変数のセットを**研究仮説**と呼んでおきます。

(1) 問題の分析

Q8.2.1

〔　〕に当てはまる適語を選択しながら読んでください。一つの架空例です。

◎ある大学で去年に続いて定員割れが発生しました。まず，問題の分析が必要です（図8.2.1）。

☆条件1の問題は，これまでも〔知っていた／知らなかった〕。

☆条件2の問題が，従来とは違って発生した。

☆条件3の問題も，十分に〔予測された／予測されなかった〕。

◎問題分析から，以下のような対処案を考えることができます。

☆条件2を克服するためには，〔大人数／少人数〕の授業数を増やして，教員との質疑応答を主にした授業を工夫します。

☆現在の教員の範囲内で，より人気のある学科案を模索します。しかし，そのために新しい教員の採用が〔必要／不必要〕になります。だから，高齢教員との相談が〔必要／不必要〕な前提条件になります。

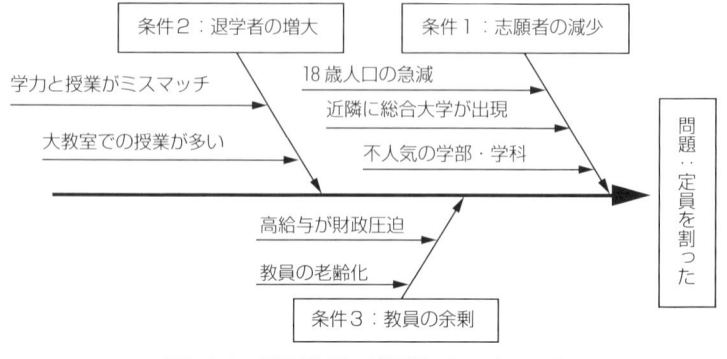

図8.2.1　問題分析の構図化　（➡図1.1.2）

§8.2 研究仮説の構成

(2) 分析された問題の樹形図

Q8.2.2 ─────────────────────────
　分析された問題を樹形図にしてみると，コミュニケーションが容易になり，問題の共有化が促進されます。図8.2.1を図8.2.2で再構成してみましょう。

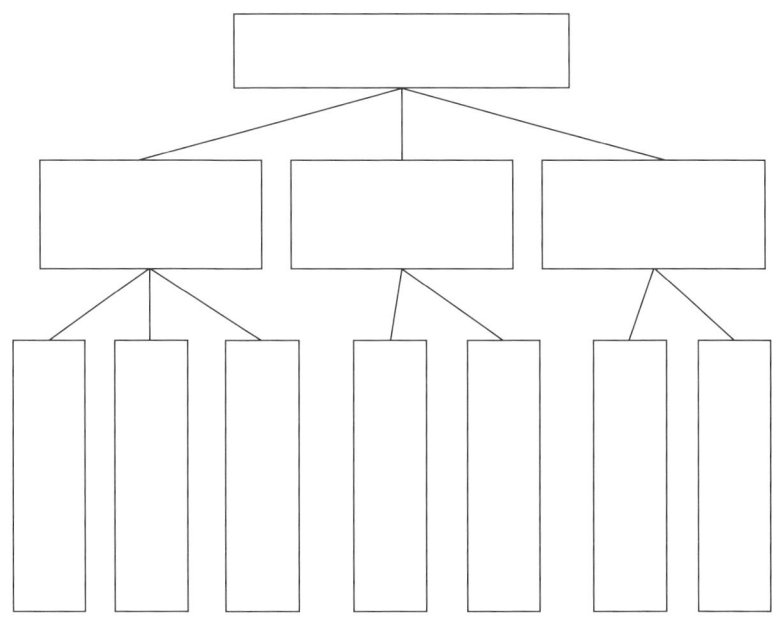

図8.2.2　分析された問題の樹形図

◎研究仮説を構成するための第一歩として，該当の問題を樹形図で分析します。その好例を図5.2.3が表しています。

　　☆全体集合（U：精神障害）に対する下位集合水準を設定します。その水準構成が仮説を反映します。

　　☆下位水準の設定（重層化）が適切であれば，樹形図それ自体が仮説を表現してくれるようになります。

　　☆例えば図5.2.3で，「躁うつ病」と「ヒステリー」は同位水準でないと仮説されています。対処の考え方が水準に応じて違ってきます。

第8章 実験研究のデザイン

(3) 研究仮説の構成例

◎図3.3.1で，社会心理学で大きな影響を与え続けているハイダー（F. Heider）による実験例を紹介しました。ハイダー理論に準拠して，研究仮説の構成例を概述してみます。

　☆ハイダー理論では図8.2.3のように，意図を表す手段（means：M要因）を関与させて知覚するかどうかで［物象化／人称化］を区別します。

　　◇この仮説を検証する操作として，図3.3.1の@系列における●と○のサイズを［●＞○；●＝○；●＜○］として実験条件（独立変数）を構成します。そして，従属変数の反応を測定して比較します。

　　◇実験群$_s$（同じサイズ）と実験群$_d$（違うサイズ）の間で，反応が有意に異なればハイダー理論の実証へと向かうことになります。

　☆ハイダー理論は，M要因の関与の有無が人象化と物象化を分ける規定要因だと考えています。だから，ハイダー理論の立証として十分であると言うためには，以下のような条件設定が必要になります。

　　◇図6.4.1で水準Bの意義を確認してください。異質のマクロ少変数が関与すると，変数間の葛藤が発生します。

　　◇その葛藤を操作できれば，人象化と物象化を規定するM要因の効果を確認できるはずです。そうならば，葛藤を発生させるM要因の再分析が可能になります。

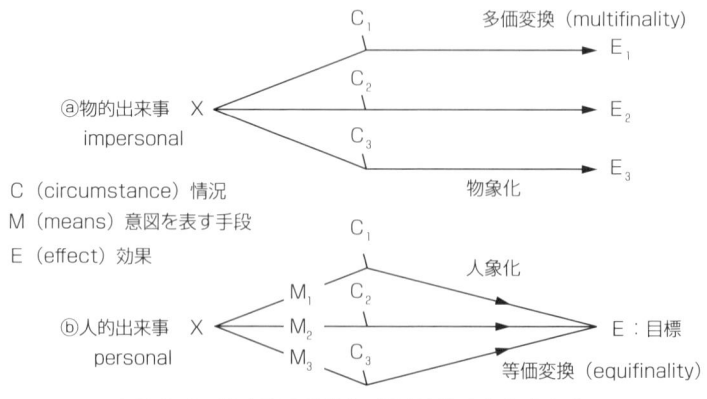

ⓐ物的出来事　X　impersonal
　　C_1　多価変換（multifinality）　E_1
　　C_2　　　　　　　　　　　　　E_2
　　C_3　物象化　　　　　　　　　E_3

C（circumstance）情況
M（means）意図を表す手段
E（effect）効果

ⓑ人的出来事　X　personal
　　M_1　C_1　人象化
　　M_2　C_2　　　　　　　　E：目標
　　M_3　C_3　等価変換（equifinality）

図8.2.3　出来事の認知における物象化と人象化

※ Heider（1958；p.134）に準じて作図。

§8.2 研究仮説の構成

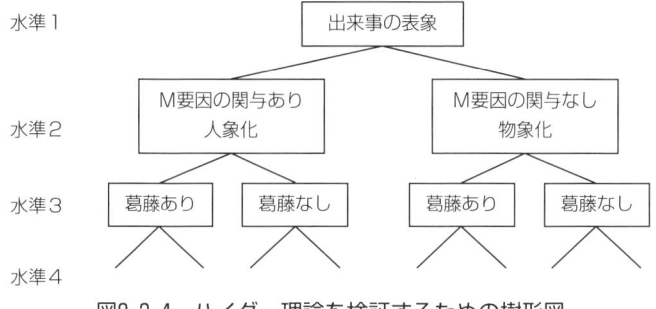

```
水準1                    出来事の表象
                    ┌──────┴──────┐
水準2         M要因の関与あり    M要因の関与なし
              人象化              物象化
            ┌───┴───┐         ┌───┴───┐
水準3      葛藤あり  葛藤なし    葛藤あり  葛藤なし

水準4
```

図8.2.4 ハイダー理論を検証するための樹形図

◎水準を,どこまで［掘り下げる／積み上げる］かは研究方針しだいです。
　☆水準3まで掘り下げると4つの実験群が構成されます。
　　　◇実験群1　　　人象化×葛藤あり
　　　◇実験群2　　　人象化×葛藤なし
　　　◇実験群3　　　物象化×葛藤あり
　　　◇実験群4　　　物象化×葛藤なし
　☆図3.3.1の@系列を例にしてみると,以下のような操作によって独立変数の構成が可能になります。
　　　◇物象化　　●と○のサイズとスピードが同じ。
　　　◇人象化　　●と○のサイズとスピードが異なる。
　　　◇葛藤なし　衝突後の軌跡が合理的　　→　期待に対して一貫的
　　　◇葛藤あり　衝突後の軌跡が非合理的　→　期待に対して飛躍的
　☆基本機能の仮説
　　　◇サイズが［●＞○］ならば,○は弾き飛ばされる。　→　葛藤なし
　　　◇スピードが［●＞○］ならば,○は弾き飛ばされる。→　葛藤なし
　　　◇サイズが［●＞○］なのに,●が弾き飛ばされる。　→　葛藤あり
　　　◇スピードが［●＞○］なのに,●が弾き飛ばされる。→　葛藤あり
◎ハイダー理論を例にして,その核心を立証するための研究仮説を具体的に構成してみました。樹形図を描いてみると,仮説を構成しやすくなると理解できたことと思います。
※ここで概述した構図は,より洗練させた枠組によって一連の諸実験を実行している最中です。近い将来に成果を発表します。

§8.3 実験のデザイン

───テーマ8.3───
　実験研究では仮説の妥当性を立証するために，条件の操作と反応の測定を対応づけて検討します。前節（§8.2）で仮説の構成について概述したので，続けて本節（§8.3）では実験のデザインについて解説します。枠組を紹介するだけですが，実際に実験研究を実行するときに，この枠組を理解できていることが要求されます。

(1) 実験を構成する3要因
◎実験（experiment）は，以下の3要因によって構成されます。
　①外的要因：独立変数
　　　　◇実験者が仮説に対応づけて操作する変数
　　　　◇操作変数の活性化または抑制を促す作用
　　　　　・作用の活性化　作用を有効化する条件の操作
　　　　　・作用の抑制　　作用を無効化する条件の操作
　②内的要因：媒介変数
　　　　◇操作変数に対応する実験参加者における脳内過程の調整
　　　　◇脳内調整は，変数作用と同型的でないときもある（➡図8.3.2）。
　③反応要因：従属変数
　　　　◇実験効果を検出するために測定される実験参加者の反応
　　　　◇反応調整は，変数作用と同型的でないときもある（➡図8.3.2）。
　　　　　・反応の活性化　操作作用によって有効になった反応
　　　　　・反応の抑制　　操作作用によって無効になった反応

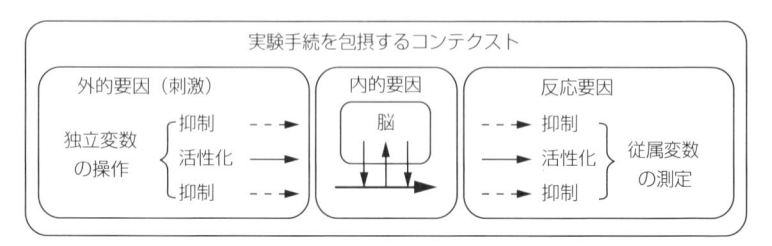

図8.3.1　実験デザインに必須の3要因

(2) 要素間の対応関係

Q8.3.1
解説文の〔 〕に当てはまる適語を選択しながら理解してください。

◎要素 a の集合 A と要素 b の集合 B を対応づけると，図8.3.2のように3つの対応パターンを区別できます。

☆単要素 a が複要素 b に対応して，そのうえ，複要素 b が単要素 a に対応するパターンが〔同型／準同型／擬同型〕です。

　　◇心理学が扱う現象は，マクロ水準の異質な少変数（➡図6.4.1）が基本になります。発生した現象の意味が問題になるからです。

　　◇一対多対応が基本ですので統計処理が〔必要／不必要〕です。

☆単要素 a が複要素 b に対応して，そのうえ，単要素 b が複要素 a に対応するパターンが〔同型／準同型／擬同型〕です。

　　◇このようなパターンはマクロ水準で現象します（➡図6.4.1）。

　　◇多対多対応の現象は複雑すぎて心理学では扱えません。

☆単要素 a が単要素 b に対応して，そのうえ，単要素 b が単要素 a に対応するパターンが〔同型／準同型／擬同型〕です。

　　◇記号体系の数学では，このパターンを真関数と呼んで，他のパターンは関数として扱いません。モレやダブリ（➡図8.1.1）があると，数学が要求する〔一義性／多義性〕が崩れます。

　　◇心理学は現象の理解が関心事ですから，一対一の対応関係を前提にすると話題が〔広く／狭く〕なります。

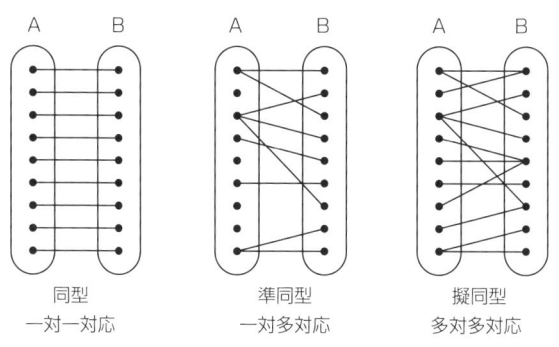

図8.3.2　集合Aと集合Bの要素間の対応パターン

（同型　一対一対応／準同型　一対多対応／擬同型　多対多対応）

(3) 主要な概念の記号化

> E：**実験群**　実験操作を受ける参加者のグループ。
> C：**対照群**　実験操作を受けない参加者のグループ。
> R：**ランダム・サンプリング**　参加者を無作為に抽出する。
> X：**独立変数**　実験操作を実施する。
> O：**従属変数**　実験効果を評価するための反応を測定する。

(4) 望ましくない実験デザイン

> ①　E：X　→　O

> ②　E：X　→　O_1
> 　　C：　　　O_2

◇矢印→で，順番に実行する時系列を表します。つまり，「Xをして，次にOをする」という意味です。

◇①では，Oで測定した反応で実験操作の効果を判断します。

◇②では，O_1とO_2の差で実験操作の効果を判断します。

◇②で，C群の所が空白なのは実験操作をしないからです。

Q8.3.2

デザインの①と②が望ましくない理由を考えて書いてください。

①

②

(5) やや望ましくない実験デザイン

③　E：O_1　→　X　→　O_2
　　C：O_3　→　　　　→　O_4

④　E：O_1　→　O_2　→　X　→　O_3　→　O_4

◇③では，O_1とO_3およびO_2とO_4の差を比較します。
◇③のC群では，実験操作のXを省略しています。
◇④では，O_1とO_2／O_2とO_3／O_3とO_4の差を比較します。

Q8.3.3 ─────
③と④を望ましいデザインに描き直して，理由を述べてください。

③

④

H8.3.3 ─────
◎E群（実験群）とC群（対照群）が同質でないと反応を比較できません。
　☆異質な人たちでE群とC群を構成すると，反応に有意な差があっても，実験操作の差であるとは言うことができません。
　☆等質化は，ミクロ水準の異質な多変数へと還元して（➡図6.4.1），変数の作用を相殺（相互に消しあう）することで保証されます。この手続を何と言いますか（➡§5.3.2）？

(6) 望ましい実験デザイン

⑤　E：R　→　X　→　O_1
　　C：R　→　　　→　O_2

◇もっとも簡潔な一元配置デザインで，実用的には最良です。
◇E群もC群もランダム・サンプリングされているので，等質性を保証することができます。
◇だから，O_1とO_2の間に有意差を検出できれば，独立変数Xの効果であると認定できます。

⑥　E：R　→　O_1　→　X　→　O_2
　　C：R　→　O_3　→　　　→　O_4

◇O_1とO_3は事前テストで，O_2とO_4は事後テストです。
◇事前テストに有意差がなければ，Rの効果を確認できます。有意差があるときは，Rの効果がなかったと判断できます。
◇事前テストに有意差がないのに，事後テストに有意差を検出できたとき，独立変数Xの効果であると認定できます。
◇⑥は，⑤を強化した実用的には最高のデザインです。

⑦　E：R　　→　O_1　→　X　→　O_2
　　C_1：R　→　O_3　→　　　→　O_4
　　C_2：R　→　　　→　X　→　O_5
　　C_3：R　→　　　→　　　→　O_6

◇このデザインならば，どの時点で誤差変動が混入したかをチェックできるので理想的です。
◇しかし，実用的とは言いがたいでしょう。

⑧　E：O_1　→　O_2　→　X　→　O_3　→　O_4
　　C：O_5　→　O_6　→　　　→　O_7　→　O_8

◇時系列の変化を問題にするためのデザインとして最良です。
◇ランダム・サンプリングの操作を欠いても，C群の反応系列を根拠にして，E群の反応系列の変化を十分に検出できます。

§8.3 実験のデザイン

(7) 規定要因の発見

◎ハイダー理論によれば（➡図8.2.3），図3.3.1のような知覚が人象化の機制に対応していると理解できます。そこで，図8.2.4のように分析して仮説を構成しました。意図を表す手段が規定要因かどうかは実験で決定できます。

　☆ティンバーゲン（Tinbergen, 1951）は，トゲウオの生殖行動を図1.1.1のように分析して，縄張を確保するための雄の攻撃行動が，どのような要因によって規定されているかを実験的に検証しました。

　　◇雄の前に，図8.3.3のような模型を提示しました。
　　◇実物どおりに作ったⓐの模型に対しては攻撃しません。
　　◇ⓑとⓒの模型に対しては攻撃しました。形態性よりも，腹部が赤いかどうかが規定要因だと確定できます。目をめがけて攻撃します。

　☆模型を使った実験で，図8.3.4のように規定要因を発見できました。

　　◇アヒルにとっては，頭部が小さくて・胴体が長く・翼羽を広げているように見える物体の前進運動が，頭部方向であれば危険を察知する規定要因になります。尾部方向ならば安全のサインになります。
　　◇ヒキガエルは，細長い物体の運動に規定されて対象性を知覚します。長い方向への運動は獲物のサインであり，拡がっている方向への運動は危険のサインです。

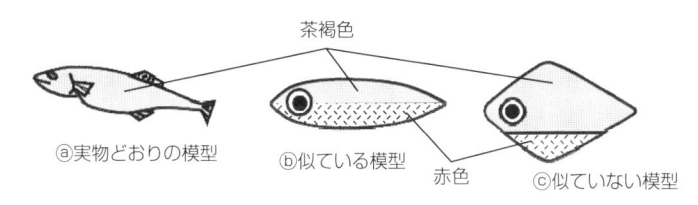

図8.3.3　トゲウオの攻撃対象（➡図1.1.1）

ⓐ実物どおりの模型　　ⓑ似ている模型（茶褐色／赤色）　　ⓒ似ていない模型

図8.3.4　対象の形態と運動によって異なる知覚（Hoffman, pp. 24-25）

ⓐクロウドリのヒナにとって（ママだ／ママでない）　ⓑアヒルにとって（ガチョウだ／タカだ）　ⓒヒキガエルにとって（天敵だ／獲物だ）

第9章 調査研究のデザイン

前章（第8章）で実験研究のデザインを解説しました。続いて本節では，調査研究を遂行するために心得ておく必要がある質問紙法のデザインを解説します。実験研究でも，従属変数の測定尺度として質問紙を活用します。

§9.1 ウォームアップ

> テーマ9.1
> 社会心理学や臨床心理学などの分野，および企業の企画や人事の部門では，質問紙によるデータが大活躍します。まずは馴染んでおきましょう。

(1) 自己チェック

> Q9.1.1
> ◎3つのテーマ（現在の私／過去の私／未来の私）について，図9.1.1の3つの尺度（悪い-良い／弱い-強い／静かな-活発な）で評定して，それぞれの尺度得点を書き込んでください。
>
> | テーマ | 現在の私 | | | 過去の私 | | | 未来の私 | | |
> |---|---|---|---|---|---|---|---|---|---|
> | 尺度番号 | ① | ② | ③ | ① | ② | ③ | ① | ② | ③ |
> | 尺度得点 | | | | | | | | | |

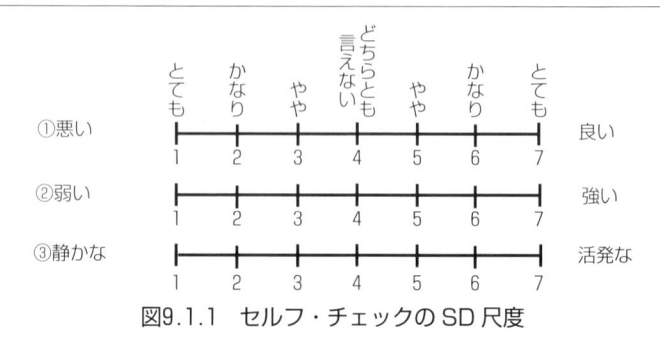

図9.1.1 セルフ・チェックのSD尺度

§9.1 ウォームアップ

(2) 表象の可視化

◎表象（representation）は，図式的な**イメージ**（image）として可視化されると理解が可能になります。例えば仏像は，図式的なイメージ（似姿）による表象で可視化されることで，仏心の意味を伝達しています。

☆図9.1.1は，オズグッドら（Osgood, Suci, & Tannenbaum, 1957）が開発したSD法（Semantic Differential Technique：意味差微分法）を簡約して提示しました。そのうえで，［現在・過去・未来］の自分について意味差の可視化を試みてもらいました。

☆図9.1.2は，『イブの3つの顔』（Thigpen & Cleckley, 1954）として有名な症例について，それぞれの出現時期にSD法で集めたデータを因子分析法で分析した結果を表します。

　　　◇イブ・ホワイト：内気で地味な女性なのだが，結婚生活の葛藤と不満が現れている。ブラックの存在を知らない。
　　　◇イブ・ブラック：魅惑的で派手に振る舞う女性で，自分がホワイトだと知っていて，ホワイトを軽蔑している。
　　　◇ジェイン　　　：セラピーの結果，ホワイトとブラックとの統合的な人格として出現する。

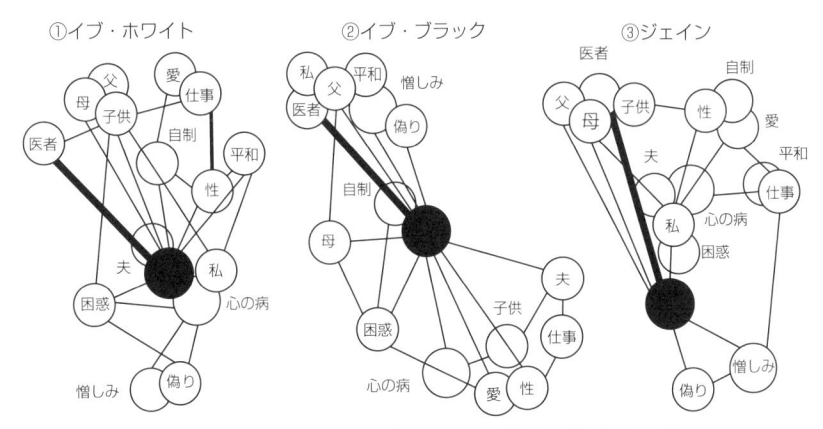

図9.1.2　三重人格を表象するSD法によるイメージ

黒太線は「医者」と重心「黒丸」との関係を表す。細線は要因どうしの関係を表す。

（3）可能性を読み取る

◎多様な問題を診断するために，質問紙法（アンケート）が適用されています。診断は，問題解決に向けて働きかけるための手がかりとして機能します。

Q9.1.2

図9.1.2で可視化された症例イブの変化を読み取って，〔　〕に当てはまる適語を選んでください。

◎ホワイトは，「医者，父，母，心の平和，愛」などのように大多数の人たちが〔肯定／否定〕している題目を受容して，「憎しみ，偽り」などのように多くの人が〔肯定／否定〕している題目を受容していません。この様子は，社会的に〔能動的／受動的〕な慎ましいイメージで読み取ることができます。

◎ブラックは，多数が〔望ましい／望ましくない〕と思う「憎しみ，偽り」を肯定して，「愛，子供」を〔肯定／否定〕しています。しかも，社会的に遊離している私なのに〔肯定／否定〕しています。

◎ジェインは，「父，母，子供，夫」など自分自身が深く関係している人たちを〔肯定的／否定的〕に捉えて，「愛，性」なども〔肯定的／否定的〕に捉えて，その私も肯定的に捉えています。心理療法（セラピー）による望ましい変化として理解できます。

◎ある人のセルフ・チェックによる自己像が，図9.1.3のようなプロフィールになっていたとします。その変化を，とても〔望ましい／望ましくない〕と理解できます。こんな単純な質問紙でも，自身の変化の過程をきちんと把握している様子を読み取ることが可能になります。

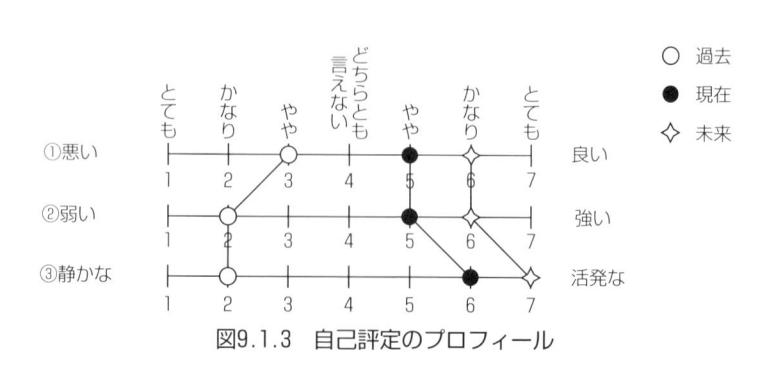

図9.1.3　自己評定のプロフィール

§9.2 質問紙法の反応形式

> テーマ9.2
> 質問紙の反応形式には種類があるので紹介します。どんな反応形式を選択するかによってデータ値の水準が左右されます（➡§1.2.3）。だから，適用したい統計法を十分に念頭に置いて，反応形式を選択しなければなりません。たとえば，ノンパラメトリックな反応（➡§11.2.1）に対しては，平均値や標準偏差値を算出できません。

(1) 強制選択法

☆質問項目に対して［はい（肯定）／いいえ（否定）］のどちらかで答える。
☆［はい＝1／いいえ＝2］などと二値化する。
　1または2の頻数で処理する。　→　ノンパラメトリック（➡§11.2.1）

> 以下の項目について，自分に当てはまるとき「はい」に○を付けて，当てはまらなければ「いいえ」に○を付けてください。
> 　1．私は協調性がある。　　　はい　　いいえ
> 　2．私は独創性がある。　　　はい　　いいえ

(2) 評定法（リカート法）

☆質問項目に対する賛成の程度を7件法（1～7）や5件法や9件法で答えてもらう。以下は5件法の例である。
☆強度の数値を間隔尺度として扱う。　→　パラメトリック（➡§11.2.1）

> 以下の項目について，自分自身に当てはまると思う程度を表す数字に○を付けてください。
> 　　　1　まったく当てはまらない
> 　　　2　やや当てはまらない
> 　　　3　どちらとも言えない
> 　　　4　やや当てはまる
> 　　　5　とてもよく当てはまる
> 　1．私は協調性がある　　　1 - 2 - 3 - 4 - 5
> 　2．私は創造性がある　　　1 - 2 - 3 - 4 - 5

(3) 一対比較法

☆質問項目のすべてを一対にして，当てはまるほうを選択する。
☆［選択＝1／非選択＝2］のように二値化する。→　ノンパラメトリック

> 以下の一対になった項目で，自分に当てはまると思うほうのカッコに○を付けてください。
> 　　1．（　　　）協調性　―　創造性（　　　）
> 　　2．（　　　）責任感　―　明朗性（　　　）

(4) 順位法

☆質問項目のリストを提示して，当てはまる程度の順番を数字で答える。
☆順序を表す数字をデータにする。→　ノンパラメトリック（➡§11.2.1）

> 以下の特徴について，自分に当てはまると思う順番の〔1～5〕をカッコの中に書いてください。
> 　　（　　　）協調性
> 　　（　　　）創造性

(5) チェックリスト法

☆質問項目のリストから当てはまる項目を選択する。選択数は任意。
☆項目の選択頻度をデータにする。→ノンパラメトリック（➡§11.2.1）

> 以下の特徴について，自分に当てはまると思うカッコの中に，○を付けてください。当てはまらない場合は，何も書きません。
> 　　（　　　）協調性
> 　　（　　　）責任感

(6) SD法（Semantic Differential Technique：意味差微分法）

☆対比的な意味の形容詞を対にして，どちらに当てはまるかの程度で評定する。
☆一般にプラスのイメージを表す対極には大きい数値を割り当て，マイナスのイメージを表す対極には小さい数字を割り当てると直感が利きやすくなる。
☆間隔尺度として扱うのが一般的である。→パラメトリック（➡§11.2.1）

§9.3 測定尺度の評価

> テーマ9.3
> 質問紙も含まれますが，反応の測定尺度については，その妥当性と信頼性を評価するための研究が必要になります．妥当性や信頼性が欠如した研究は，公認されません．

(1) 妥当性（validity）
◎測定値が，測定対象の性質を適切に反映しているか？
  1. 表面的な妥当性
      ◇尺度の水準（➡§1.2.3）や形式（➡§9.2）に適合するか？
  2. 内容的な妥当性
      ◇設問が作業仮説（➡§8.2）に適合するか？
  3. 交差的な妥当性
      ◇ある標本で検証できた仮説が他の同質の標本でも検証できるか？
  4. 基準連関の妥当性
      a．同時的妥当性
          ◇妥当性が保証されている他の尺度を基準にして，その尺度値と，本研究の尺度値との相関係数が十分に有意であるか？
      b．判別的妥当性
          ◇この尺度を使って，明確に異なる標本を判別できるか？
      c．予測的妥当性
          ◇その尺度値で未来の出来事を適切に予測できるか？

(2) 信頼性（reliability）
◎同じ尺度を使って同じ標本を時点$_1$と時点$_2$で測定した値が，あるいは，異なる標本$_1$と標本$_2$を測定した値が，安定して一貫しているか？
  1. 評定者間の一致度
      ◇ある対象を評定した人たちの相関係数を算出する．
  2. 折半法
      ◇評定者を無作為の2群に分けて，2群間の相関係数を算出する．
  3. 内的整合性
      ◇多様な評定群で測定して，測定値の相関係数を算出する．

§9.4 質問項目の作成基準

――テーマ9.4――
　リカート法（➡§9.2.2）の評定尺度を構成する心得として，質問文の作成基準を学びます。他の尺度形式においても，ここで解説する作成基準が原則になります。

(1) 望ましくない項目の例

Q9.4.1
　以下で質問文の作成にあたって10の基準を紹介します。基準に不適合の文に×印を付けて，適合する文に○印を付けて紹介します。2つを比較して，どのような基準を意味しているかを，空欄に書いてください。

① ×「あのころは，とても充実した気分だった。」
　　○「このごろは，とても充実した気分である。」

② ×「日本の夏は暑い。」
　　○「日本の夏は暑くて過ごしにくい。」

③ ×「私は子育てが苦手だと言われている。」
　　○「私は子育てが苦手である。」

④ ×「友だちと会えるのが楽しい。」
　　○「友だちと会うと，いろいろな話が聞けて楽しい。」

Q9.4.2

続けて，質問文を作成するための10基準を紹介します。×印の不適合文と〇印の適合文を比較して，基準の意味を空欄に書いてください。

⑤ ×「人を殺すことは悪いことだ。」
　〇「人を殺したいと思うときがある。」

```
┌─────────────────────────────────────────────────────┐
│                                                     │
│                                                     │
│                                                     │
└─────────────────────────────────────────────────────┘
```

⑥ ×「人を好きになるときもあれば，嫌いになるときもある。」
　〇「人を嫌いになるときもある。」

```
┌─────────────────────────────────────────────────────┐
│                                                     │
│                                                     │
│                                                     │
└─────────────────────────────────────────────────────┘
```

⑦ ×「私が好きな人は，明るく活発でハキハキした性格の人である。」
　〇「私は明るい人が好きだ。」

```
┌─────────────────────────────────────────────────────┐
│                                                     │
│                                                     │
│                                                     │
└─────────────────────────────────────────────────────┘
```

⑧ ×「誰の心にも悪魔が住んでいるので殺意を持つのは当然だ。」
　〇「人を殺したいと思うときがある。」

```
┌─────────────────────────────────────────────────────┐
│                                                     │
│                                                     │
│                                                     │
└─────────────────────────────────────────────────────┘
```

⑨ ×「私は誰とでもうまくつきあえると言えなくもない。」
　〇「私は誰ともうまくつきあえる。」

```
┌─────────────────────────────────────────────────────┐
│                                                     │
│                                                     │
│                                                     │
└─────────────────────────────────────────────────────┘
```

⑩ ×「私は全ての人に好かれている。」
　〇「私はおおくの人に好かれている。」

```
┌─────────────────────────────────────────────────────┐
│                                                     │
│                                                     │
│                                                     │
└─────────────────────────────────────────────────────┘
```

(2) 望ましい項目の基準

A 9.4.1

①**現在の意見や状態を述べた項目にします。**
　◇現在の出来事を記述して，評定者が現時点で共有が可能な問題として特定できるようにしてあげます。
　◇過去や未来の出来事を記述すると，問題の発生時点が不特定になって，問題を共有しにくくなります。
　◇とりわけ過去や未来の時点を特定化してしまうと，その出来事に関与していない人には答えにくくなってしまいます。

②**出来事に対する肯定と否定の方向性が明確になるように記述します。**
　◇事実として出来事を述べているだけでは，賛成／反対する程度を表現できなくなります。
　◇リカート法は肯定／否定の程度を問題にしているので，出来事や事実に対する態度や評価が含まれる記述にしなければなりません。

③**一義的に解釈できる記述にします。**
　◇いろいろと解釈できる多義的な記述にすると，核となる問題が不明確になってしまうので不適当です。
　◇「～と言われている」などの伝言文や，「～のようだ／らしい」などの憶測文で表現すると，評定者が判断しにくくなって不適当です。
　◇あくまでも，評定者が自分自身のこととして判断できるように表現を工夫します。

④**主題に関係ない出来事を述べるのは不適当です。**
　◇「友だちに会えるのが楽しい」が不適当なのは，「友だちに会う」と「楽しい」が直接的な関係にないからです。言い換えると，「楽しい」判断に到る理由が明らかになっていません。
　◇友だちに会って楽しくなることに，いろいろな理由を想定できます。そのうちの一つを選んで理由を明確にしてあげます。
　◇例えば「教員の授業評価」が主題のとき，「友だちに会う」ことは主題と関係がありません。例えば「教員の声が小さい／話が面白い」などの問題は，主題と明確に関係しているので適切です。

A 9.4.2
⑤「すべて」が賛成／反対は常識的ではありません。
　◇現時点の日本社会において，世界社会において，常識的に受容されている見解を基準にして記述します。
　◇「常識的な見解」とは，賛成と反対が適当な割合で入り交じっている普通であり，「すべて」と表現できるほどに絶対的ではありません。
　◇例えば「殺意を感じる」ことは，それぞれの人によって異なる事情を反映します。その個人的事情を程度の問題に置き換えて質問します。
⑥一つの項目には，一つの意見や評価を反映させて記述します。
　◇繰り返しますが，人によって事情が異なる問題を，程度に置き換えて応答してもらうのです。
　◇プラスとマイナスの2側面が働いている問題ならば，普通はプラスで答えるほうが気が楽です。なのに，あえてマイナスの側面を強調して質問すると，葛藤を解決する態度が浮かび上がります。
⑦できるだけ短い文で表現します。**過度の重文や複文は控えます。**
　◇「私が好きな人は」は，〔人［私が好き］は〕という複文です。
　◇「明るい／活発／ハキハキ」は同義反復です。だから，理解しやすいと思われる「明るい」で代表できます。
⑧単純で明快な表現で記述します。
　◇大学生ならば，「心に棲む悪魔」という意味を理解できるでしょう。しかし，小学生や中学生では無理でしょう。つまり，発達水準を考慮して記述を工夫します。
　◇ワープロを使うと過剰に漢字を使った文になってしまいます。できるだけ平仮名で，とりわけ副詞は平仮名で表記するとよいでしょう。
⑨部分否定や二重否定の表現は避ける。
　◇「〜と言えなくもない」では，肯定なのか否定なのか意味不明です。
　◇「必ずしも〜でない」も，肯定なのか否定なのか意味不明です。
⑩全肯定や全否定の表現は避ける。
　◇全肯定や全否定は，かえって意味が曖昧になります。
　◇成熟した人ならば，ありえないことだと分かっているためです。

第10章 仮説検定

実験的研究には，［外的要因／内的要因／反応要因］の3要因（➡図8.3.1）が関与します。外的要因は，内的要因の活性化と抑制を統制するために操作される**独立変数**です。内的要因は，独立変数が表す条件に対応づけて反応をパターン化する内的調整を表す**媒介変数**です。反応要因は，実験操作の効果を確認するために測定される**従属変数**です。この3変数が実験操作に対応づけられる程度に高い対応の関係（➡図8.3.2）があると仮説されているとき，その仮説を統計学の理法と技法によって検証できます。

ここで，研究仮説と実験仮説を区別しておきます。**実験仮説**は作業仮説と表現されるように，統計的処理によって肯定／否定できる具体的な仮説です。本章で仮説検定と言っている「対立仮説・帰無仮説」に，実験の作業仮説を反映させて検討します。他方の**研究仮説**は，例えば図8.2.3のハイダー理論で意図の要因が関与するかどうか，という問題に相当します。ただし，この段階での「意図」は，操作的に定義されていないので，実験仮説ではありません。

§10.1 ウォームアップ

―テーマ10.1―
概念の操作的な定義という問題に親しんでもらうことにします。ただし，研究経験の積み重ねを必要とする問題であり，単純なことではありません。そこで，その始まりの部分を味わってみましょう。

(1) 愛の分析

Q 10.1.1―
「愛」と言って，どのような愛があるか区別して書き出してください。

Q10.1.2

以下の愛を区別して，その意味を表す具体例を書いてください。

①性欲的な愛

②自己犠牲的な愛

③自己保身的な愛

(2) 攻撃の分析

Q10.1.3

「攻撃的」だと言って，以下の出来事を区別してみます。その区別が明確になるように，従属変数の反応（行動）を定義してください。そのために，「こういう場合は，このような反応の違いが現れる」と考えてみます。

①通りすがりの小さな女の子を誘拐して絞め殺す。

②テニスの試合で激しく打ち合っている。

③子どもが親に注意されて，ふてくされて反抗的に自己主張している。

④国家間の紛争のために兵士たちが激しく銃撃している。

第10章　仮説検定

H 10.1.3
◎「攻撃的」という概念を操作的に定義するとき，分析する必要がある要因を挙げてみましょう。これらを考慮して，研究の対象とする「攻撃的」の意味を明確にしなければなりません。

☆その行動は［個人的な動機／社会的な要求］に由来するのか？
☆その行動は［ルールに従う／ルールなどない］ことの表現なのか？
☆攻撃の対象が［特定的／不特定的］なのか？
☆攻撃の結果として［被害が大きい／被害が小さい］のか？

§10.2　仮説検定の考え方

テーマ10.2
何か判定をするためには，基準が必要です。本節では，統計的な基準の設定とその判断方法を学びます。

(1) いかさまコインなのか？

Q 10.2.1
①コインAは，表と裏とがほぼ同じ確率で出るコインです。このコインを5回投げたとき，**表4回，裏1回**が出る事態は，どのくらいありうることだと思いますか？　下の尺度で当てはまると思う数字に○をつけてください。

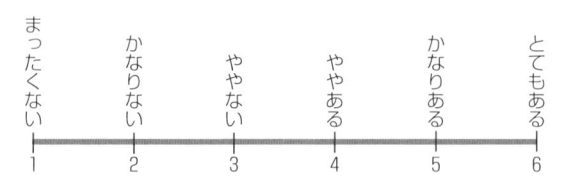

```
まったくない    かなりない    ややない    ややある    かなりある    とてもある
    1            2           3          4          5           6
```

②コインBは，表のほうが裏よりかなり出やすいコインです。コインBを5回投げたとき，表4回，裏1回が出る事態はどのくらいありえますか？

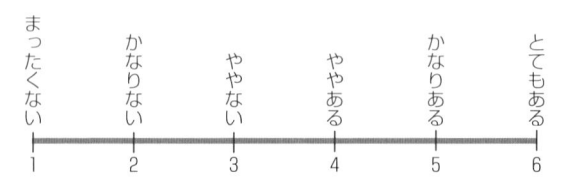

```
まったくない    かなりない    ややない    ややある    かなりある    とてもある
    1            2           3          4          5           6
```

Q 10.2.2

表と裏が1:1で出るコインAを5回投げたときに,表が4回出る確率を数値で求めてみましょう。

◎数学的確率は以下のように定義できます(➡ §6.2.1)。

$$P(事象Aの発生確率) = \frac{事象Aが生じる場合の数}{すべての場合の数}$$

P:probability

◎上の式で,分母の「すべての場合の数」を調べます。コインAを,5回投げたときに出るすべての目の組み合わせ(S)に相当します。

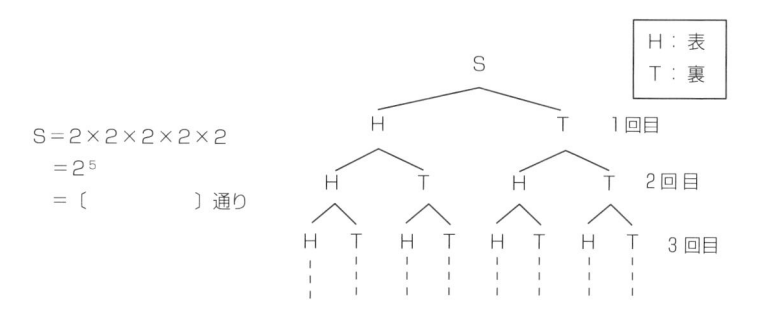

H:表
T:裏

$S = 2 \times 2 \times 2 \times 2 \times 2$
$= 2^5$
$= 〔\quad〕$ 通り

◎上の式で,分子になる「事象Aが生じる場合の数」を調べます。事象Aとは,コインを5回投げたとき表が4回生じることに相当します。

$$\binom{5}{4} = \frac{5!}{4!(5-4)!} = \frac{5!}{4! \times 1!}$$

$$= \frac{5 \times 4 \times 3 \times 2 \times 1}{(4 \times 3 \times 2 \times 1) \times 1}$$

$$= 〔\quad〕$$

T-H-H-H-H
H-T-H-H-H
H-H-T-H-H } 5通り
H-H-H-T-H
H-H-H-H-T

$$P(コインAを投げて表が4回出る確率) = \frac{〔\quad〕}{〔\quad〕} ≒ 〔\quad〕$$

※小数点以下第3位を四捨五入しましょう。

第10章 仮説検定

Q10.2.3
コインA（表：裏＝1：1で出る）を5回投げたときに、表が0回～5回出る確率を各回数ごとに求めて、表10.2.1を完成させましょう。ただし、表が4回出る確率は、Q10.2.2で算出した数値を転用します。

表10.2.1　コインAを5回投げたときに表が0回～5回出る確率P

表が出る回数（X）	表が生じる場合の数	すべての場合の数	表がX回生じる確率P
表0回	T-T-T-T-T ｝1通り（すべて裏）	32通り	$\frac{1}{32}$ =〔　　　〕
表1回	$\binom{5}{1} = \frac{5!}{1!(5-1)!}$ =〔　　　〕通り	〔　　〕通り	$\frac{〔　〕}{〔　〕}$ =〔　　　〕
表2回	$\binom{5}{2}$ =〔　　　〕通り	〔　　〕通り	$\frac{〔　〕}{〔　〕}$ =〔　　　〕
表3回	$\binom{5}{3}$ =〔　　　〕通り	32通り	$\frac{〔　〕}{〔　〕}$ =〔　　　〕
表4回	$\binom{5}{4}$ =〔　5　〕通り	〔　　〕通り	$\frac{5}{32}$ =〔　　　〕
表5回	H-H-H-H-H ｝1通り	〔　　〕通り	$\frac{〔　〕}{〔　〕}$ =〔　　　〕

§10.2 仮説検定の考え方

Q10.2.4

表が出やすいコインBは,表と裏が出る比率が3:1です。このコインBを5回投げたときに,表が4回出る確率を求めてみましょう。

◎「すべての場合の数」を調べます。コインBを5回投げたときに出るすべての目の組み合わせ(S)に相当します。

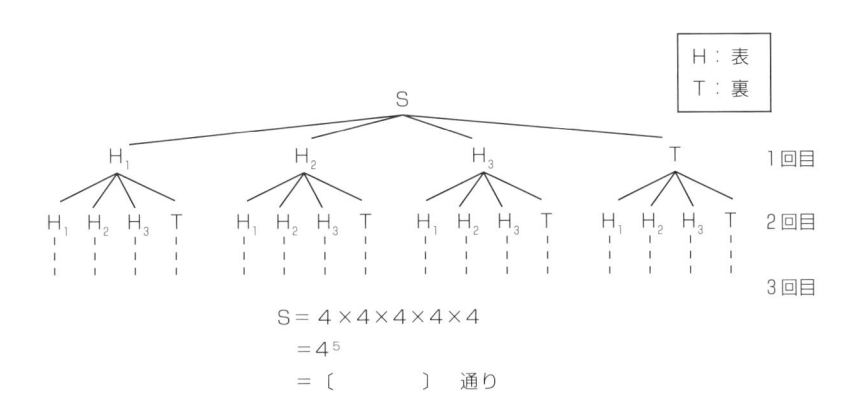

H:表
T:裏

```
                    S
     ┌──────┬───────┼───────┬──────┐
     H₁        H₂        H₃         T           1回目
   ┌┬┬┐    ┌┬┬┐    ┌┬┬┐     ┌┬┬┐
   H₁H₂H₃T  H₁H₂H₃T  H₁H₂H₃T   H₁H₂H₃T       2回目
                                               3回目
```

$S = 4 \times 4 \times 4 \times 4 \times 4$
$ = 4^5$
$ = 〔\quad\quad〕$ 通り

◎コインBを5回投げたとき「表4回が生じる場合の数」を調べます。
表の出やすさを考慮に入れて数えます。

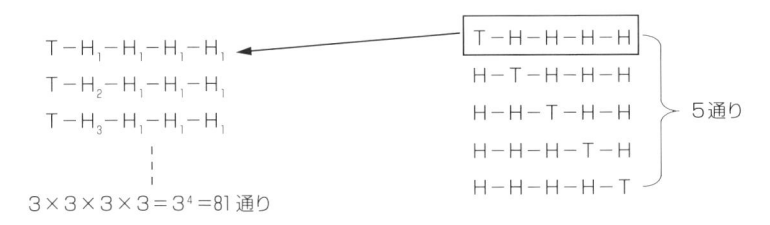

T−H₁−H₁−H₁−H₁　←　T−H−H−H−H ┐
T−H₂−H₁−H₁−H₁　　　 H−T−H−H−H │
T−H₃−H₁−H₁−H₁　　　 H−H−T−H−H ├ 5通り
　　　⋮　　　　　　　 H−H−H−T−H │
$3 \times 3 \times 3 \times 3 = 3^4 = 81$通り　H−H−H−H−T ┘

5通り × 81通り = 〔　　　　〕通り

$P(\text{コインBを投げて表が4回出る確率}) = \dfrac{〔\text{表4回が生じる場合の数}〕}{〔\text{すべての場合の数}〕}$

$\phantom{P(\text{コインBを投げて表が4回出る確率})} = \dfrac{〔\quad\quad\quad\quad〕}{〔\quad\quad\quad\quad〕} ≒ 〔\quad\quad\quad〕$

※小数点以下第3位を四捨五入しましょう。

第10章 仮説検定

> Q10.2.5
> コインB（表：裏＝3：1で出る）を5回投げたときに，表が0回〜5回出る確率を各回数ごとに求めて，表10.2.2を完成させましょう。ただし，表が4回出る確率は，Q10.2.4で算出した数値を転用します。

表10.2.2　コインBを5回投げたときに表が0回〜5回出る確率P

表が出る回数（X）	表が生じる場合の数	すべての場合の数	表がX回生じる確率P
表0回	T-T-T-T-T ⎬1通り （すべて裏）	1024通り	$\frac{1}{1024}$ ＝〔　　〕
表1回	$\binom{5}{1} \times 3^1$ 通り ＝ 5×3 　＝〔　　〕通り	〔　　〕通り	$\frac{〔\ \ 〕}{〔\ \ 〕}$ ＝〔　　〕
表2回	$\binom{5}{2} \times 3^2$ 通り ＝ 10×9 　＝〔　　〕通り	〔　　〕通り	$\frac{〔\ \ 〕}{〔\ \ 〕}$ ＝〔　　〕
表3回	$\binom{5}{3} \times 3^3$ 通り ＝ 10×27 　＝〔　　〕通り	1024通り	$\frac{〔\ \ 〕}{〔\ \ 〕}$ ＝〔　　〕
表4回	$\binom{5}{4} \times 3^4$ 通り ＝ 5×81 　＝〔　　〕通り	〔　　〕通り	$\frac{405}{1024}$ ＝〔　　〕
表5回	1通り × 3^5 通り 　＝〔　　〕通り	〔　　〕通り	$\frac{〔\ \ 〕}{〔\ \ 〕}$ ＝〔　　〕

> **Q10.2.6**
> 表10.2.1で算出したコインAの確率Pを，図10.2.1に書きましょう。また，表10.2.2のコインBの確率を図10.2.2に書きましょう。コインAとコインBの分布の違いを観察してください。

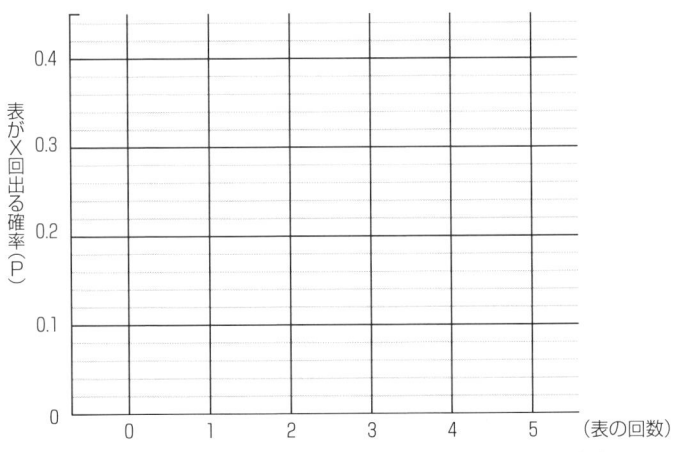

図10.2.1　コインAを5回投げたとき表がX回出る確率

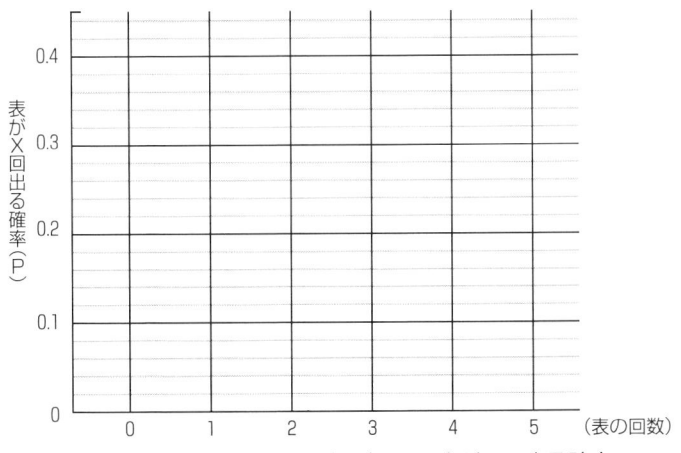

図10.2.2　コインBを5回投げたとき表がX回出る確率

第10章 仮説検定

A 10.2.6

◎コインを5回投げたときに，表が4回出る確率は
　☆表と裏が同じ確率で出る正しいコインAならば〔　　　　〕です。
　☆表と裏が3：1で出るコインBならば〔　　　　〕です。
◎観察された事象（表4回，裏1回）は同じでも，正しいコインAで発生する確率と，いかさまコインBで発生する確率は異なります。
◎コインの表裏のように2カテゴリーしかないとき，一方のカテゴリーが発生する確率を表す理論分布を**二項分布**と言います。
　☆下図10.2.3の①と②は，オモテの発生確率を表した二項分布です。

①コインAの場合（正しいコイン）

②コインBの場合（いかさまコイン）

表4回

③コインAとBの場合

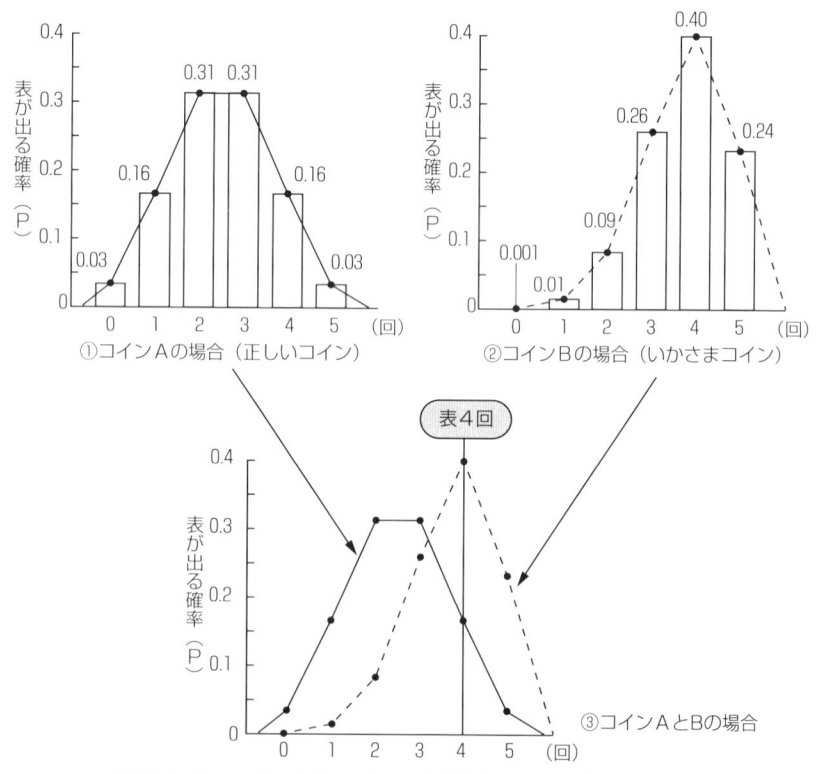

図10.2.3　コインAとコインBを投げたときに表が出る確率
値は，小数点以下第3位四捨五入してあります。

§10.2　仮説検定の考え方

Q10.2.7
◎ここに，コインCがあります。このコインCは，正しいコインなのか，表の出やすいいかさまコインかわかりません。
◎今，コインCを5回投げると，以下のように表が4回出ました。
　表—表—裏—表—表
◎この結果を見て，「コインCは，いかさまコインである」と判断してもよいですか？　だめですか？　理由と一緒に答えてください。

> 判定：よい／だめ
> 理由

H10.2.7
◎コインCが，仮に正しいコインだとします。〔　〕に当てはまる適切な語句を選んでください。
　　☆正しいコインとは，表の出る確率と裏の出る確率が〔同じ／異なる〕ことを意味します。
　　☆正しいコインならば，5回投げたときに，表が4回出る確率を理論的に表現できます。
　　☆前頁の図10.2.3の二項分布によれば〔0.16／0.39／0.50〕です。
◎コインCが，仮にいかさまコインだとします。
　　☆いかさまコインは，表の出る確率と裏の出る確率が〔同じ／異なる〕ことを意味します。
　　☆このようないかさまコインは，例えば，表と裏の出る確率が3：1の場合だけに限りません。
　　　◇4：1の場合や，3：2の場合などもありえます。
　　☆すなわち，いかさまコインを理論分布で表そうとすると，対応する二項分布は無数〔ありえます／ありえません〕。
　　☆ですから，いかさまコインを5回投げて，表が4回出る確率を理論的に表現することは〔できます／できません〕。
◎判断の根拠として利用できる理論分布は「正しいコイン」に関する分布だけです。どのように判断するのか次節で説明します。

(2) 仮説検定を解説する前に

Q10.2.8

コインCが正しいコインなのかを判定する例（Q10.2.7）に基づいて，仮説検定の手順を説明します。〔 〕に当てはまる適切な語句を選択してください。

◎コインCが正しいコインならば，5回投げて表がX回出る確率を二項分布で定義できます（図10.2.4の棒グラフ）。

◎表の出やすいいかさまコインならば，分布が〔右側／左側〕に偏ります。

☆図10.2.4には，点線でいかさまコインの分布を表現しています。無数の分布が考えられますが，ここでは一つの分布で代表させます。

◎コインCがいかさまコインのときは，5回投げて表が4回以上出る確率は，正しいコインに比べて相対的に〔高く／低く〕なります。

☆コインCが正しいコインならば，5回投げて表が4回以上出る確率は，いかさまコインの場合に比べて〔高く／低く〕なるはずです。

◎まず，コインの表と裏が出る比率に関して整理しておきましょう。

☆コインCが正しいコインならば，表と裏の出る比率は1：1です。

☆コインCが表の出やすいいかさまコインのときは，表と裏の出る比率を数値で定義することはできません。

◇しかし，1：1の比率と〔同じ／異なる〕と表現できます。

☆実際にコインCを5回投げると「表―表―裏―表―表」でした。

◇これを**観測度数**といいます。

◇観測度数における表と裏の比率は〔　：　〕です。

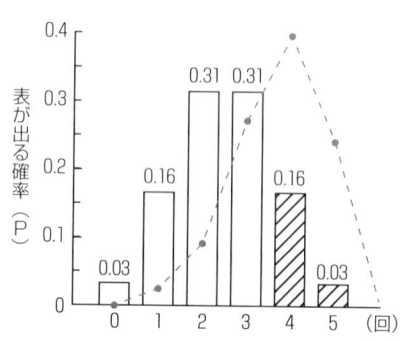

図10.2.4　正しいコインを5回投げたときに表が出る確率（二項分布）

(3) 仮説検定の手順

Q10.2.9

〔　〕内を適切に補ってください。

◎仮説検定を実行するために，**帰無仮説**と**対立仮説**を設定します。

　☆この２つの仮説は統計的な仮説であって，実験的な仮説（→§8.2.3）とは異なります。

　☆**帰無仮説** $H_0：\mu_1 = \mu_2$

　　◇μ_1は，コインCで観察した表と裏の出る比率4：1です。

　　◇μ_2は，正しいコインのもとで表と裏が出る比率です。

　　　・つまり，〔　　：　　〕です。

　　◇帰無仮説では，μ_1とμ_2は**同じ**であると仮説を立てます。

　　　・帰無仮説を採択したときは，コインCにおける表裏が出る比率と正しいコインで表裏が出る比率は同じと考えます。

　　　・すなわち，観察したコインCは〔正しい／いかさま〕コインであると判定します。

　☆**対立仮説** $H_1：\mu_1 \neq \mu_2$

　　◇μ_1は，コインCで観察した表裏の出る比率〔　　：　　〕です。

　　◇μ_2は，正しいコインで表裏が出る比率1：1です。

　　◇対立仮説では，μ_1とμ_2は**異なる**と仮説を立てます。

　　　・対立仮説を採択したとき，コインCで表裏が出る比率と正しいコインの比率は〔同じ／同じでない〕と考えます。

　　　・すなわち，コインCはいかさまコインであると判定します。

◎帰無仮説と対立仮説は，**背反の関係**にあります。

　☆一方の仮説を採択したときには，他方の仮説を自動的に棄却します。

　　◇**採択**（さいたく）は，この仮説を採用するという意味です。

　　◇**棄却**（ききゃく）は，この仮説を採用しないという意味です。

　☆帰無仮説を採択したときには，対立仮説を〔採択／棄却〕します。

　　◇コインCは正しいコインであると判定します。

　☆帰無仮説を〔採択／棄却〕したときには，対立仮説を採択します。

　　◇コインCは〔正しい／いかさま〕コインであると判定します。

◎ Q10.2.9の続きです。〔　〕に適語を補ってください。
◎ 2つの仮説のどちらを採択するかを決めるために，帰無仮説が正しければ「起こりえない」確率を設定します。
　　☆この確率を**有意水準 α** といいます。判定の基準にします。
　　　　◇心理学では，5％水準（$\alpha=0.05$）あるいは1％水準（$\alpha=0.01$）に設定します。
　　　　◇有意水準は，研究領域の要請に応じて任意に設定します。
　　　　◇有意水準は**危険率**と呼ばれるときもあります。
　　☆5％水準とは，本当は正しいコインなのに「いかさまコインである」と誤って判定することが，100回判定したときに5回発生する確率を許容することを意味しています（➡§10.3）。
◎ 二項分布などの理論分布のもとで算出される**有意確率 p** を，有意水準 α と比較して判定を下します。
　　☆コインCの有意確率 p は，図10.2.4の斜線部分の確率に相当します。
　　　　◇正しいコインを5回投げたときに，表が4回以上出る確率です。
　　　　p＝表が4回出る確率＋5回出る確率
　　　　　＝0.16（16％）＋0.03（3％）＝〔　　　　　〕（19％）
◎ 有意確率 p が有意水準 α（5％）よりも**大きいとき**（p＞0.05）
　　☆正しいコインのもとで**よく起こる出来事**と解釈します。
　　　　◇コインCの場合，有意確率 p は0.19です。有意水準 α の0.05より〔小さい／大きい〕です。
　　　　◇コインを5回投げたとき表が4回以上出ることは，正しいコインのもとで，よく起こる出来事だと考えます。
　　　　◇このときには，**帰無仮説を採択**して対立仮説を棄却します。
　　　　◇コインCは〔正しい／いかさま〕コインと判定します。
◎ 有意確率 p が有意水準 α（5％）よりも**小さいとき**（p≦0.05）
　　☆正しいコインのもとで**めったに起こらない出来事**と解釈します。
　　　　◇いかさまコインのもとで起こった出来事であると考えたほうが辻褄が合います。
　　　　◇この場合は，帰無仮説を棄却して，**対立仮説を採択**します。
　　　　◇すなわち，いかさまコインと判定します。

§10.3 判定にともなう2つの過誤

> テーマ10.3
> 仮説検定で，例えば「正しいコインである」と判定したときに，その判定には常に事実と異なる誤りを犯す恐れ（過誤）が含まれています。その恐れを最小限にする工夫を学習します。

(1) 日常生活の出来事と判定

Q10.3.1
◎裁判で，容疑者と判決との関係は同型ではなく準同型です（➡図8.3.2）。
　①図10.3.1の空欄を埋めてください。4種類のペアができます。
　②裁判判決の誤りだと思うペアはどれですか？　二つ挙げましょう。
　　〔　　　　　　　　　〕―〔　　　　　　　　　〕
　　〔　　　　　　　　　〕―〔　　　　　　　　　〕
◎図10.3.2は，火事と火災報知器との関係を表します。
　①図10.3.2の空欄を埋めてください。
　②現実の場面では，どの組み合わせを回避したいと思いますか？
　　〔　　　　　　　　　〕―〔　　　　　　　　　〕
　　〔　　　　　　　　　〕―〔　　　　　　　　　〕

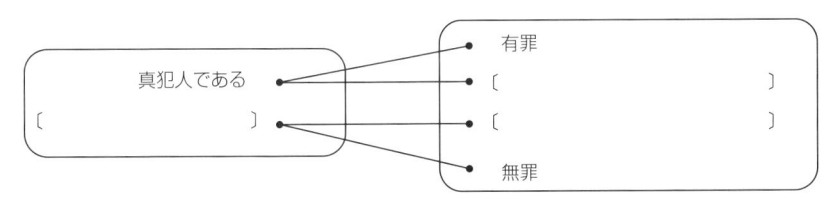

図10.3.1　容疑者の判決の対応パターン関係

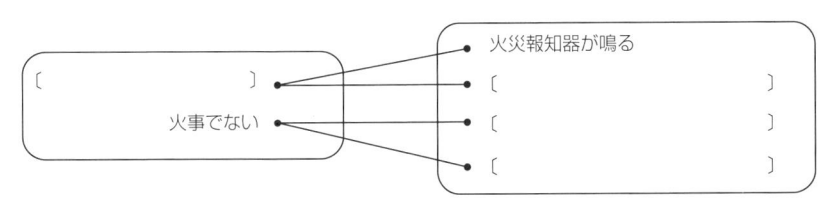

図10.3.2　火事と報知器の対応パターン関係

(2) 第１種の過誤 α と第２種の過誤 β

◎仮説検定によって，コインを「いかさまコイン」と判定したときに，真実は「正しいコイン」だとしたら，誤って判断したことになります（表10.3.1）。
　　☆帰無仮説 H_0 が真実なのに，帰無仮説 H_0 を棄却してしまう誤りを犯すことを **第１種の過誤** と言います。
　　☆第１種の過誤を表す確率を α（アルファ）で表現します。有意水準に相当します。
　　　　◇〔$\alpha=0.05$〕であれば，第１種の過誤を犯す確率が５％であることを意味します。有意水準を５％に設定することを意味します。
　　☆例えば，以下の例はいずれも第１種の過誤を犯しています。
　　　　◇裁判で，容疑者が真犯人でないのに，有罪を言い渡す。
　　　　◇火事でないのに，火災報知器が鳴る。
◎「正しいコイン」と仮説検定で判定を下したときに，「いかさまコイン」が真実ならば，誤って判定したことになります。
　　☆対立仮説 H_1 が真実であるのに，対立仮説 H_1 を棄却する誤りを犯すことを **第２種の過誤** といいます。
　　☆第２種の過誤を表す確率を β（ベータ）で表します。
　　　　◇〔$\beta=0.10$〕ならば，第２種の過誤を犯す確率が10％であることを意味します。
　　☆例えば，以下の例はいずれも第２種の過誤を犯しています。
　　　　◇裁判で，容疑者が真犯人なのに，無罪を言い渡す。
　　　　◇火事なのに，火災報知器が鳴らない。
◎仮説検定では，たとえ第２種の過誤が発生する恐れがあっても，第１種の過誤を回避することを優先してデザインされています。

表10.3.1　判定にともなう２種の過誤

		真　実	
		帰無仮説が真	帰無仮説が偽
判定	帰無仮説を棄却する	第１種の過誤	正しい棄却
	帰無仮説を棄却しない	正しい採択	第２種の過誤

(3) α値とβ値との関係

Q10.3.2

次頁の図10.3.3は，コインの真偽を判定する仮説検定ときに発生する2つの過誤を表現しています。〔　〕に適語を補ってください。

◎図10.3.3をながめると，α値とβ値の関係は以下のようになっています。

　　☆α値が小さくなると，β値が〔小さく／大きく〕なります。

　　☆α値が大きくなると，β値が〔小さく／大きく〕なります。

◎心理学では，第1種の過誤を犯す確率αが0.05（5％）より小さくなるよう有意水準（➡§10.2.3）を設定します。

　　☆図10.3.3で，例えば，コインを5回投げて5回すべて表が出たときに，α値は〔0.03／0.16／0.19〕です。

　　☆このα値は，表が5回出たコインを，本当は正しいコインであるのに，いかさまコインだと誤って判定する確率が0.03（＝3％）であることを意味します。

　　　　◇α値が有意水準（5％）よりも小さい値なので，いかさまコインと判定しても，判定の誤りを犯す危険はとても小さいと考えます。

　　☆そのため，帰無仮説を棄却します。

　　　　◇つまり，対立仮説を採択して〔正しい／いかさま〕コインであると判定します。

◎例えば，図10.3.3で，コインを5回投げて，4回表が出たときのα値を計算すると，〔　　　　〕＋〔　　　　〕＝0.19になります。

　　☆これは，表が4回出たコインを，本当は正しいコインなのに，いかさまコインと誤って判定する確率が0.19（19％）であることを意味します。

　　　　◇α値が有意水準（5％）よりも大きいので，いかさまコインとして判定すると，判定の誤りを犯す危険が大きすぎます。

　　☆判定の誤りを回避するため，帰無仮説を〔棄却／採択〕します。

　　　　◇つまり，正しいコインであると判定します。

◎帰無仮説を棄却するという結論は消極的であり，積極的に等しい，同じだと言っているわけではないことに注意しましょう。

　　☆帰無仮説（正しいコイン）は，あくまで棄却する（無に帰する）ことを期待したうえでの仮説です。

　　☆研究者が本当に立証したいのは対立仮説（いかさまコイン）です。

第10章 仮説検定

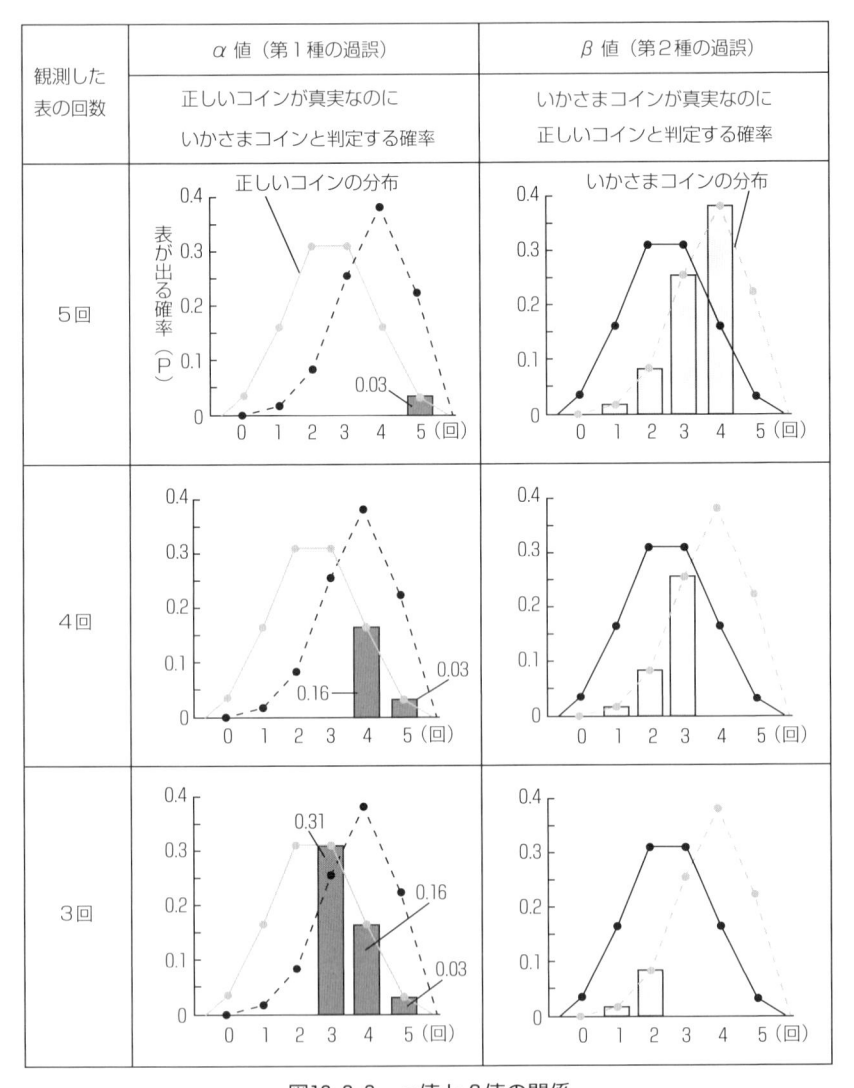

観測した表の回数	α値（第1種の過誤）正しいコインが真実なのにいかさまコインと判定する確率	β値（第2種の過誤）いかさまコインが真実なのに正しいコインと判定する確率
5回	0.03	
4回	0.16, 0.03	
3回	0.31, 0.16, 0.03	

図10.3.3　α値とβ値の関係
いかさまコインの分布（点線）は無数ありえるが，代表例を描いてある。

148

§10.4　片側検定と両側検定

> **テーマ10.4**
> 前節の仮説検定では、正しいコインなのか、表の出やすいいかさまコインなのかを判定してきました。しかし、いかさまコインは、表が出やすい場合だけとは限りません。裏が出やすい場合もあります。仮説検定は、どちらの場合にも対応できます。

(1) 表と裏、どちらが出やすい？

Q10.4.1

空欄を埋めて、文章を完成させてください
◎例えば、図10.4.1の①では、
　☆コインを5回投げて、表が1回出る確率は〔　　　〕です。
　☆コインを5回投げて、表が4回出る確率は〔　　　〕です。
　☆つまり、①は〔　　〕の出にくいいかさまコインの確率分布です。
◎他方、図10.4.1の②では、
　☆コインを5回投げて、表が1回出る確率は〔　　　〕です。
　☆コインを5回投げて、表が4回出る確率は〔　　　〕です。
　☆つまり、②は〔　　〕の出やすいいかさまコインの確率分布です。
◎あるコインがいかさまコインなのかどうかを、仮説検定によって判定しようとするときには、①と②の両方を考慮に入れる必要があります。

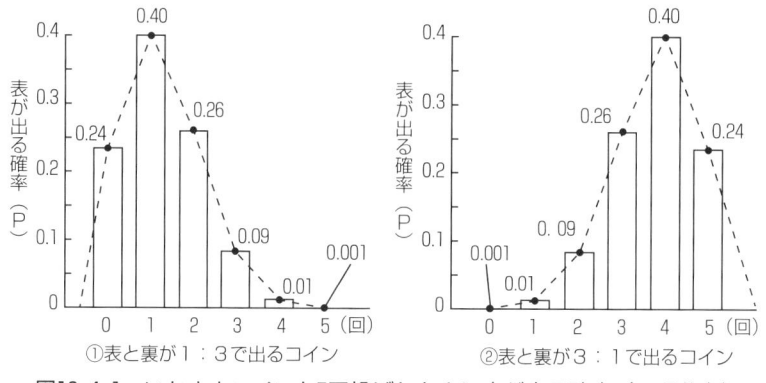

図10.4.1　いかさまコインを5回投げたときに表が出る確率（二項分布）

(2) 片側検定の理法

Q10.4.2

空欄を埋めて文章を完成させてください。

◎いかさまコインが「表の出にくいコイン」だとわかっているとします。

　☆このいかさまコインの分布は，正しいコインの分布の〔右側／左側〕に偏るはずです（図10.4.2①）。

　☆そこで，有意水準α（5％）を左側に設定します。

　☆コインを5回投げて表が0回ならば有意確率pは〔　　　　〕です。

　　◇有意水準α（0.05）よりも，p値が〔小さい／大きい〕値なので，帰無仮説を棄却します。

　　◇つまり，〔いかさま／正しい〕コインと判定します。

◎いかさまコインが「表の出やすいコイン」だとわかっているとします。

　☆このいかさまコインの分布は，正しいコインの分布の〔右側／左側〕に偏るはずです（図10.4.2②）。

　☆有意水準α（5％）を〔右側／左側〕に設定します。

　☆例えば，コインを5回投げたときに表が4回出たとします。このときの有意確率pは〔　　　　〕です（➡§10.2.3）。

　　◇有意水準α（0.05）よりも，p値が〔小さい／大きい〕値なので，帰無仮説を〔棄却／採択〕します。

　　◇つまり，〔いかさま／正しい〕コインと判定します。

◎このように有意水準αを片側に設定する仮説検定を，**片側検定**と言います。

①表の出にくいコインの場合　　②表の出やすいコインの場合

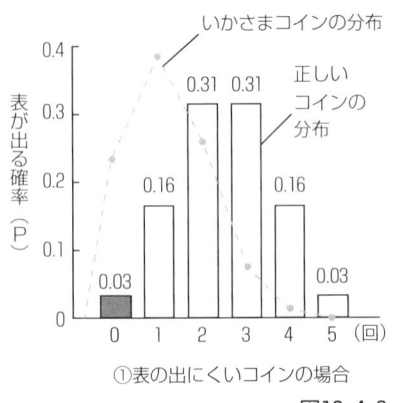

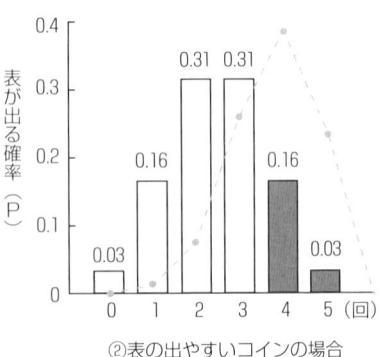

図10.4.2　片側検定

(3) 両側検定の理法

> **Q10.4.3**
>
> 空欄を埋めて文章を完成させてください。
>
> ◎いかさまコインが，表の出にくいコインなのか，表の出やすいコインなのかわからないけれども，仮説検定を実行する場合があるでしょう。
>
> ☆このような場合，いかさまコインの分布は正しいコインの分布の両側に存在すると考えます（図10.4.3）。
>
> ☆つまり，有意水準 α を〔右側／左側／両側〕に設定します。
>
> ◇有意水準5％というときには，**右側2.5％**と**左側2.5％**に有意水準を設定することを意味します。
>
> ◎例えば，コインを5回投げたときに表が5回出たとすれば，有意確率 p は〔0.03／0.16／0.19〕です。
>
> ☆有意確率 p が有意水準 α の2.5％（0.025）よりも〔小さい／大きい〕ので帰無仮説を採択します。
>
> ◇片側検定の場合に比べると，厳しい基準設定になります。
>
> ☆つまり，〔いかさま／正しい〕コインと判定します。
>
> ◎例えば，コインを5回投げて，表が1回出たとすれば，有意確率 p は以下のように計算して〔　　　〕です。
>
> p＝0.03＋〔　　　〕＝〔　　　〕
>
> ☆p値が2.5％（0.025）よりも〔小さい／大きい〕値なので，帰無仮説を採択します。そして，正しいコインと判定します。
>
> ◎このように有意水準 α を両側に設定する仮説検定を，**両側検定**と言います。

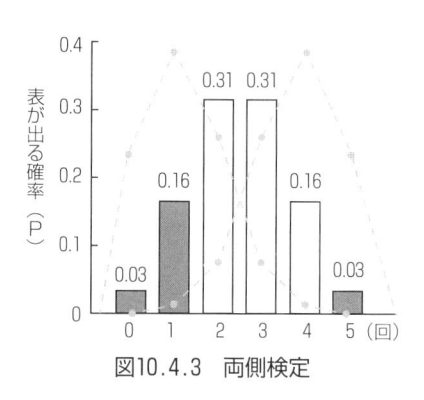

図10.4.3　両側検定

第11章 t検定：2標本の比較

実験操作の効果は（→§8.3.3），実験群と対照群とで算出された平均値の差で評価します。そして，帰無仮説（有意差なし）と対立仮説（有意差あり）を設定して（→§10.2.3），有意確率（p値）が基準（例えば5％）より小さいときは，帰無仮説を棄却して対立仮説を採用します。本章（第11章）では2標本の平均値の差を評価する **t検定** を解説します。続く第12章で，3標本の平均値の差を評価する **F検定（分散分析）** を解説します。

§11.1 ウォームアップ

> **テーマ11.1**
> t検定は代表的な技法で多用されます。そのためか，前提条件を知らずに乱用する傾向があります。まず，その前提条件を理解しておきましょう。

(1) まず分布特性を分析

> **Q11.1.1**
> あるNGOの代表者から質問を受けました。バングラディシュの部落で，5年前は年収平均0.7万円ぐらいだったが，今年は2.8万円になった。その差をt検定してNGO活動の効果を，立証したいと言います。今年のデータを，図11.1.1でグラフにしました。活動の効果を認めてよいですか？
>
> 効果あり／効果なし
> 理由

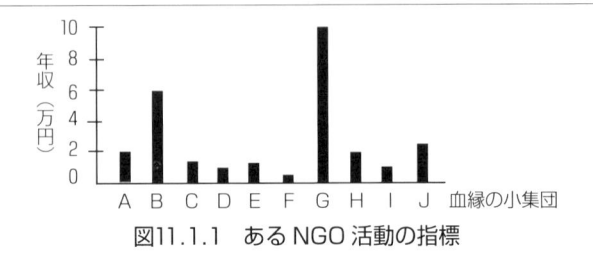

図11.1.1　あるNGO活動の指標

(2) バランスの良さ

H11.1.1

以下の文章を読んで，空所を補充する適語を選択してください。

◎平均と標準偏差は，常にペアにして扱うことが要求されています。

　☆図2.3.1で表現したように，分布の拡がりを表す〔平均／標準偏差〕と重心を表す〔平均／標準偏差〕は，バランスが必要条件になります。

◎平均値の変化は，バランスされた変化として認識されます。

　☆図11.1.2で示したタイプ1は，変化前の分布バランスが〔良好／不良〕であり，変化後の分布バランスも〔良好／不良〕です。そのため，この場合は，平均値の変化を〔有意義／無意義〕だと認められます。

　☆タイプ2では，右に偏った分布が，左に偏った分布に変化しています。著しい偏りはバランスの崩れを表します。しかし，この程度ならば許容の範囲であり，平均値の変化を〔有意義／無意義〕だと認めます。

　☆タイプ3では，バランス形状が〔良好／不良〕のまま変化しています。そのため，平均値の変化を有意義だと〔認めます／認めません〕。何が変化した結果なのか見当がつきにくいからです。

◎中央値と範囲は図2.2.3で図解したように，あくまで標本データの範囲内で意味を持つ指標です。他方，平均値は標本間の相違や変化を評価するための指標であるため，分布バランスの良さを標準偏差値と併記して保証します。図2.2.8で，④⑤および極度の②③⑥はバランスが悪い分布です。

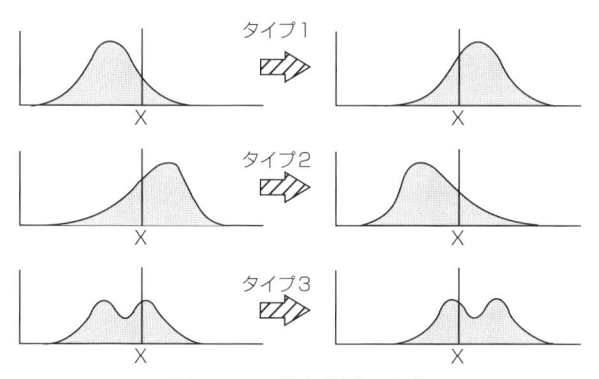

図11.1.2　分布特性の変化

§11.2 差の検定法の種類と適用条件

> ─テーマ11.2─
> データ値の水準（➡§1.2.3）に応じて，適用できる統計の技法が異なります。ここで，まとめて整理しておきます。

(1) データ値の水準と検定の種類
- ◎ パラメトリック統計
  - ☆ 以下の2条件を満たしているときに適用できる統計技法です。
    - ◇ **母集団**からサンプリングされた標本（➡§5.3）が対象です。
    - ◇ 標本で分析した結果は，母集団の特性を反映する結果であると判断されます。
  - ☆ 標本は**量的変数**（➡図3.1.1）で構成されていなければなりません。
    - ◇ 量的変数とは，間隔尺度または比率尺度です。
    - ◇ 量的変数を，カテゴリ（名義尺度や順序尺度）に変換すると，ノンパラメトリック統計を適用することができます。
  - ☆ 本書では，以下の技法を紹介します。
    - ◇ **t 検定**（この第11章）
      - 1つの標本の平均値と，ある値との差を検定します。
      - 2つの標本の平均値の差が有意かどうかを検定します。
    - ◇ **分散分析**（次の第12章）
      - 3つ以上の標本の平均値を比較するときに適用します。
- ◎ ノンパラメトリック統計
  - ☆ 以下の2条件を前提にした統計技法です。
    - ◇ **母集団**を前提にしません。
      - 分析された結果は，その標本に限って表現されます。
      - その標本を越えて一般化することはできません。
    - ◇ 標本は**質的変数**（➡図3.1.1）で構成されている必要があります。
      - 質的変数とは，名義尺度や順序尺度などに相当します。
      - 質的な変数なので，四則演算を適用して，平均値などを算出することはできません。
  - ☆ ノンパラメトリックの統計技法
    - ◇ **カイ二乗検定**（最後の第13章）

(2) t検定の種類

─①**1標本のt検定（母平均の検定）**（本書では扱いません）
　　☆標本の平均値Mと，ある値の間に差があるかを検定します。
─②**対応のない2標本のt検定（母平均の検定）**
　　☆対応のない標本$_A$と標本$_B$の平均値の差（$M_A - M_B$）が有意かどうかを検定します。
　　　　◇**対応のない標本**とは，2標本を構成する実験参加者が**異なる**人たちであることを意味します。
　　　　◇それぞれの標本データが，異なる実験操作（**独立変数**）に対応した参加者の反応（**従属変数**）を表しています。
　　☆**対応のないt検定**は，2標本の分散が等しいことを前提にしています。
　　等しくないときは，異なる計算法のt検定を実施します。
　　　　◇2標本の分散が**等しい**とき　　　　➡ §11.4
　　　　◇2標本の分散が**等しくない**とき　　➡ 本書では扱いません
　　☆対応のないt検定をするときには，あらかじめ2標本の分散が等しいかどうかを調べる**等分散性の検定**を実行しておきます（➡ §11.3）。
─③**対応のある2標本のt検定（母平均の検定）**（➡ §11.5）
　　☆対応のある標本$_C$と標本$_D$との平均値の差（$M_C - M_D$）が有意かどうか検定します。
　　　　◇対応のある標本とは，**同じ**参加者を対象にして繰り返し測定をして収集した標本を表します。

Q11.2.1

ハーブの香りが計算作業の遂行に及ぼす効果を検討するため，60名の参加者を，ランダムに有香群と無香群の2群に振り分けました。

　☆有香群（30名）　ハーブの香りのする部屋で計算作業をする。
　☆無香群（30名）　何の香りもしない部屋で計算作業をする。

> Q1．t検定は〔対応あり／対応なし〕のどちらですか？
> Q2．有意差があったとしたら何を意味しますか？

§11.3 等分散性の検定

> テーマ11.3
> 2標本の分散が等しいかどうかを調べる方法を学びます。

(1) 分散が等しいという意味

Q11.3.1

下の表11.3.1は，成人女性の身長に関する3つの標本です。それぞれ①日本人，②アメリカ人，③日本人のモデルからサンプリングしました。これらの標本の平均値と標準偏差値を計算してください（➡§2.3.2）。

表11.3.1　平均と標準偏差（単位：cm）

番号	①日本人			②アメリカ人			③モデル		
	体重 X	偏差 D	偏差二乗 D^2	体重 X	偏差 D	偏差二乗 D^2	体重 X	偏差 D	偏差二乗 D^2
1	154			162			167		
2	163			189			176		
3	148			163			170		
4	146			157			166		
5	168			164			174		
6	142			171			172		
7	165			174			176		
8	179			165			174		
9	154			160			169		
10	161			180			171		

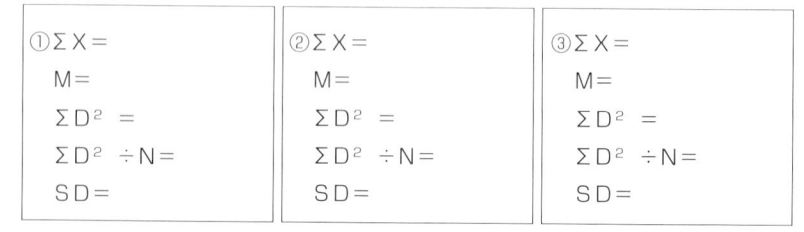

① $\Sigma X =$
　　$M =$
　　$\Sigma D^2 =$
　　$\Sigma D^2 \div N =$
　　$SD =$

② $\Sigma X =$
　　$M =$
　　$\Sigma D^2 =$
　　$\Sigma D^2 \div N =$
　　$SD =$

③ $\Sigma X =$
　　$M =$
　　$\Sigma D^2 =$
　　$\Sigma D^2 \div N =$
　　$SD =$

§11.3 等分散性の検定

Q11.3.2

表11.3.2に前頁の表11.3.1で算出した統計値を書き入れてください。そして、表を見ながら、下の文章を読んで〔　〕内に適語を補ってください。

◎例えば、①日本人と、②アメリカ人の平均値に有意差があるかどうかを評価したいときは、〔対応のあるt検定／対応のないt検定〕を実行します。

　☆対応のないt検定は、2標本の参加者が〔異なる／同じ〕ときです。

◎対応のないt検定するとき、まず、2標本の**分散が等しいか**を調べます。

　☆**分散**（SD^2）とは、標準偏差（SD）の値を二乗した値です。データ値の散らばり具合を表す指標です。

　☆表11.3.2で、3つの標本の分散を見比べて直感で答えてください。

　　　◇①日本人の分散と、〔　　　　　　　〕の分散の数値は、ほぼ近似しています。分散が〔等しい／等しくない〕ようです。

　　　◇相対的に、①日本人の分散と、〔　　　　　　　〕の分散の数値は異なります。分散が〔等しい／等しくない〕ようです。

◎分散が等しいかを統計的に判断する手法を**等分散性の検定**といいます。

　☆等分散性の検定をして、①日本人の標本と②アメリカ人の標本の分散が等しいときは〔対応のある／対応のない〕t検定を実行できます。

　☆①日本人と、③モデルのように、統計的に分散が等しくない2標本でのt検定は本書では扱いません

　　　◇統計ソフトに組み込まれている機能で試みてください。

◎**対応のあるt検定**では、等分散性の検定の必要はありません。

　☆対応のある標本とは、〔異なる／同じ〕参加者で構成された標本です。

表11.3.2　3標本の統計値まとめ

	①日本人	②アメリカ人	③モデル
平均値M			
データ数N			
分散 SD^2 （$=\Sigma D^2 \div N$）			
標準偏差　SD			

第11章　t検定：2標本の比較

(2) 分散とF分布の関係

$$F = \frac{N_1 SD^2_1 (N_2 - 1)}{N_2 SD^2_2 (N_1 - 1)}$$

N_1：標本$_1$データ数
N_2：標本$_2$データ数
SD^2_1：標本$_1$の分散
SD^2_2：標本$_2$の分散

※分散が大きいほうを標本$_1$にします。

◎母分散の等しい2つの母集団（$\sigma^2_1 = \sigma^2_2$）からサンプリングした2つの標本の**分散の比**（F値）は，**F分布**に従います（下図11.3.1）。
　☆2標本の分散が等しいほど，F値は1に近似していきます。
　☆2標本の分散が等しくないときは，F値は大きくなって分布から逸脱します。
◎F分布は2つの自由度（➡§4.2.2）を持ちます。
　☆2つの自由度の組み合わせに応じて分布が変わります。
　　　◇自由度 $df_1 = N_1 - 1$　　N_1：標本$_1$のデータ数
　　　◇自由度 $df_2 = N_2 - 1$　　N_2：標本$_2$のデータ数

Q11.3.3─────
　表11.3.1の①日本人と②アメリカ人の標本で，F値を計算してみましょう。
表11.3.2のデータを利用して，上の式に当てはめて求めてください。

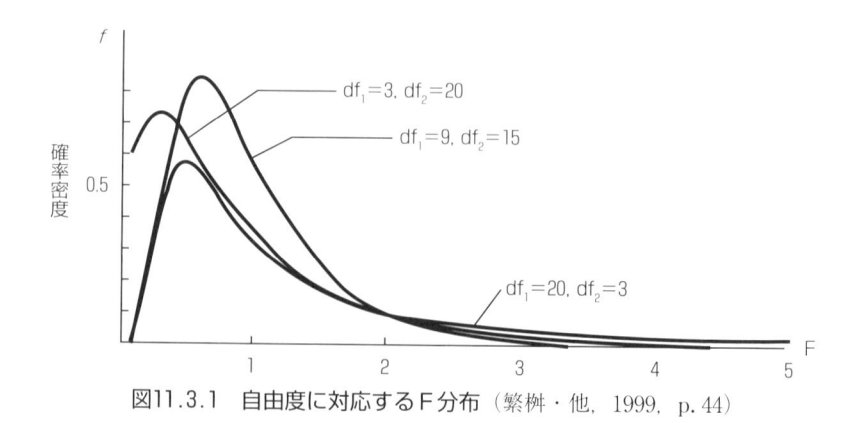

図11.3.1　自由度に対応するF分布（繁桝・他，1999，p.44）

(3) 等分散性の検定の手順

Q11.3.4

F分布を利用して，2標本の分散が等しいかを仮説検定（➡ §10.2.3）の手法を用いて調べます。これを**等分散性の検定**と言います。表11.3.2での①日本人の標本と，②アメリカ人の標本を使って，等分散性の検定をする手順を説明します。〔　〕に適語を入れてください。

◎仮説を立てます。

☆**帰無仮説 H_0：母分散 σ_1^2 ＝ 母分散 σ_2^2**

◇①日本人の母集団の分散と，②アメリカ人の母集団の〔　　　　　〕は等しいと仮説を立てます。

◇帰無仮説を採択したときには，①日本人の母分散と②アメリカ人の母分散は〔等しい／等しくない〕と判定します。

◇分散の等しい母集団からサンプリングされた2標本であるならば，その分散もまた等しいと推測します。

・つまり，表11.3.2における①日本人の標本の〔　　　　〕と，②アメリカ人の標本の分散は等しいと判定します。

◇等分散ならば対応のないt検定を適用〔できます／できません〕。

・①日本人の平均値と②アメリカ人の〔　　　　〕に有意差が認められるかどうかを，t検定で調べることができます。

☆**対立仮説 H_1：母分散 σ_1^2 ≠ 母分散 σ_2^2**

◇①日本人の〔　　　　〕の分散と②アメリカ人の母集団の分散は〔等しい／等しくない〕と仮説を立てます。

◇対立仮説を採択したときは，①日本人の母集団の〔　　　　〕と②アメリカ人の母集団の分散は等しくないと判定します。

◇分散が〔等しい／等しくない〕母集団から抽出された2つの標本であれば，その分散も〔等しい／等しくない〕だろうと考えます。

・つまり，①日本人の〔　　　　〕の分散と，②アメリカ人の標本の〔　　　　〕は等しくないと判定します。

◇このときは，本書で紹介するt検定を適用できません。

◎等分散性の検定は，**帰無仮説**（等しい）の**採択**を期待しています。

☆t検定や分散分析は，**対立仮説**（異なる）の**採択**を期待しています。

第11章　t検定：2標本の比較

Q11.3.5

Q11.3.4の続きです。空所を補充または適語を選択してください。

◎①日本人の標本と，②アメリカの標本から算出されるF値は〔　　　　〕でした（➡Q11.3.3）。

◎自由度（df）を算出します。F分布は自由度に応じて変化します。

df_1 ＝①日本人のデータ数－1＝〔　　　〕－1＝〔　　　〕
df_2 ＝②アメリカ人のデータ数－1＝10－1＝9

◎F分布で有意確率（p値）を求めます。F分布の有意確率pは面積を表わすので（図11.3.2の灰色部分），手計算をするのは大変です。代わりに巻末の付表を使って，有意確率が5％になる**F値（臨界値）**を求めます。

☆臨界値を手がかりにして，有意確率pと有意水準α（5％）を間接的に比較します。

◇標本から求めたF値が臨界値より**大きい**ときは，有意確率pが有意水準α（5％）より**小さい**はずなので**帰無仮説を棄却**します。

◇標本から求めたF値が臨界値より**小さい**ときは，有意確率pが有意水準α（5％）より**大きい**はずなので**帰無仮説を採択**します。

◎①日本人と②アメリカ人の場合で，自由度に対応している臨界値を付表の「Fの臨界値」で見てみると〔　　　　〕です（5％水準，片側検定）。

☆2標本から計算したF値は〔　　　　〕でした。臨界値と比較すると〔小さい／大きい〕ので，帰無仮説を〔棄却／採択〕します。

☆検定の結果，①と②の分散は〔等しい／等しくない〕と判定できます。つまり，対応のないt検定を適用できます。

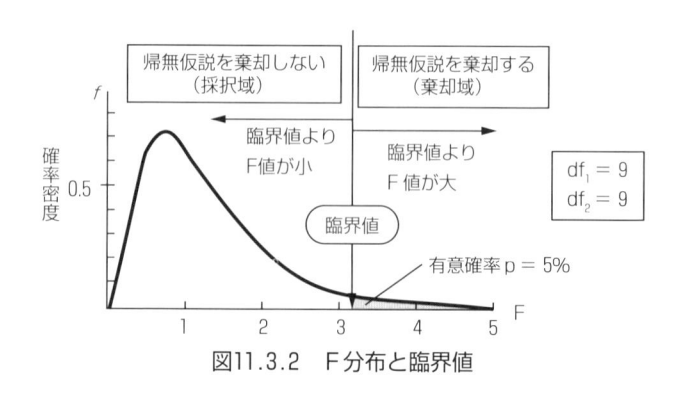

図11.3.2　F分布と臨界値

§11.4　対応のない t 検定

> テーマ11.4
>
> 　第9章で質問紙のデザインを紹介しました。その中から，ここでは評定法を取り上げて，項目を構成する手順を紹介します。その一連の流れのなかで対応のない t 検定を解説します。

(1) アンケート項目の分析：G-P 分析

◎例えば，「就職について，大学生はどのように認識をして努力しているか」についての質問紙を作成する例を考えてみましょう。

ステップ1：尺度の作成

　　☆質問項目の作成基準（➡ §9.4）に従って項目を作成します。

ステップ2：予備調査

　　☆予備調査として，作成した項目を参加者に評定してもらいます。

　　☆予備調査の結果に基づいて，各項目の検出力を検討するために G-P 分析（Good-Poor Analysis）を実施します。

ステップ3：項目分析（G-P 分析）の手順

　　☆実験参加者ごとに，すべての項目評定値を合計します（合計点）。
　　　　◇合計点で，すべての参加者を降順または昇順で並べます。

　　☆合計点によって2群に分けます。
　　　　◇上位の27％または25％を抽出して上位群を構成します。
　　　　◇下位の27％または25％を抽出して下位群を構成します。
　　　　　・上位群の合計点と下位群の合計点の違いは，例えば「就職に対する認識と努力」に関する違いを反映していると推察できます。

　　☆各項目ごとに上位群と下位群の平均値の差を，対応のない t 検定で調べます。
　　　　◇上位群と下位群との間に有意差を認めることができた項目は，記述の方向性（肯定／否定）が明確な項目だと認知されます。
　　　　　・記述された方向性が明確だから，肯定を表す上位群と否定を表す下位群との間に有意差が現れたと理解できます。
　　　　◇有意差が認められた項目は，本調査の質問項目に残します。
　　　　◇有意差が認められなかった項目は，本調査の質問項目から削除します。
　　　　◇適切な項目数（10項目ぐらい）が残らなかったときは，不適切な尺度だからと認めて，項目をすべて作り直します。あるいは，適切だった項目を残して新しい項目を追加します。そして，項目分析をします。

(2) アンケートをやってみよう

> **Q11.4.1**
> 　以下は「就職について，大学生はどのように認識して努力しているか」を調べるために作成した項目です。これから予備調査をします。①〜⑩の項目について，自分に当てはまると思う程度を表す数字に○を付けてください。

　　　　　　1　まったく当てはまらない　　　6　やや当てはまる
　　　　　　2　とても当てはまらない　　　　7　かなり当てはまる
　　　　　　3　かなり当てはまらない　　　　8　とても当てはまる
　　　　　　4　やや当てはまらない　　　　　9　もっとも当てはまる
　　　　　　5　どちらとも言えない

1. 他人と話すときに，自分から話題を提供するようにしている。　　1 - 2 - 3 - 4 - 5 - 6 - 7 - 8 - 9
2. 約束の時間は守るようにしている。　　1 - 2 - 3 - 4 - 5 - 6 - 7 - 8 - 9
3. 自分の将来について，親と語り合うようにしている。　　1 - 2 - 3 - 4 - 5 - 6 - 7 - 8 - 9
4. ニュースをよく読むようにしている。　　1 - 2 - 3 - 4 - 5 - 6 - 7 - 8 - 9
5. 資格があればあるほど，就職活動は有利になると思う。　　1 - 2 - 3 - 4 - 5 - 6 - 7 - 8 - 9
6. 友人と話しているときには，携帯が鳴っても友人を優先するようにしている。　　1 - 2 - 3 - 4 - 5 - 6 - 7 - 8 - 9
7. あいさつは明るくしている。　　1 - 2 - 3 - 4 - 5 - 6 - 7 - 8 - 9
8. 顔見知り程度の人とグループで作業するときには，必要ならばリーダーシップをとるようにしている。　　1 - 2 - 3 - 4 - 5 - 6 - 7 - 8 - 9
9. 友人と対立しても，自分の意見をはっきり述べるようにしている。　　1 - 2 - 3 - 4 - 5 - 6 - 7 - 8 - 9
10. 親から経済的に自立したいと思っている。　　1 - 2 - 3 - 4 - 5 - 6 - 7 - 8 - 9

§11.4 対応のない t 検定

(3) 上位群と下位群に分割

Q11.4.2

表11.4.1は大学生10名のアンケートの回答結果です。①〜④の手順に従って，10名の参加者の合計値を算出して，上位群と下位群にわけましょう。

表11.4.1　アンケートの回答結果

項目番号	実験参加者の番号									
	参加者1	参加者2	参加者3	参加者4	参加者5	参加者6	参加者7	参加者8	参加者9	参加者10
1	9	4	5	7	4	8	2	4	5	2
2	6	6	6	5	7	7	6	7	8	6
3	4	3	2	6	4	7	5	7	8	2
4	8	2	3	7	4	9	1	8	7	4
5	2	6	7	2	5	3	7	3	4	3
6	7	7	5	8	7	6	8	9	6	7
7	4	4	6	5	4	7	1	7	8	2
8	7	2	5	9	4	7	3	5	7	4
9	8	6	5	9	5	9	5	8	6	3
10	8	4	3	3	6	8	8	6	6	6
合計点										
順位						1				

① 合計点を算出しましょう。

② 合計点の高い順番に番号をつけます。

③ 順位の上から5名の参加者番号を書きましょう。

上位群
参加者6

下位群

④ 順位の下から5名の参加者番号を書きましょう。

※今回のG-P分析では，全データを使用します。

第11章　t 検定：2標本の比較

(4) 2群の統計量を算出

Q11.4.3

項目1に関して，上位群と下位群の回答をまとめて，表11.4.2を使ってそれぞれの統計値を算出します（→ §2.3.2）。2群の平均値の差をt検定するための準備です。

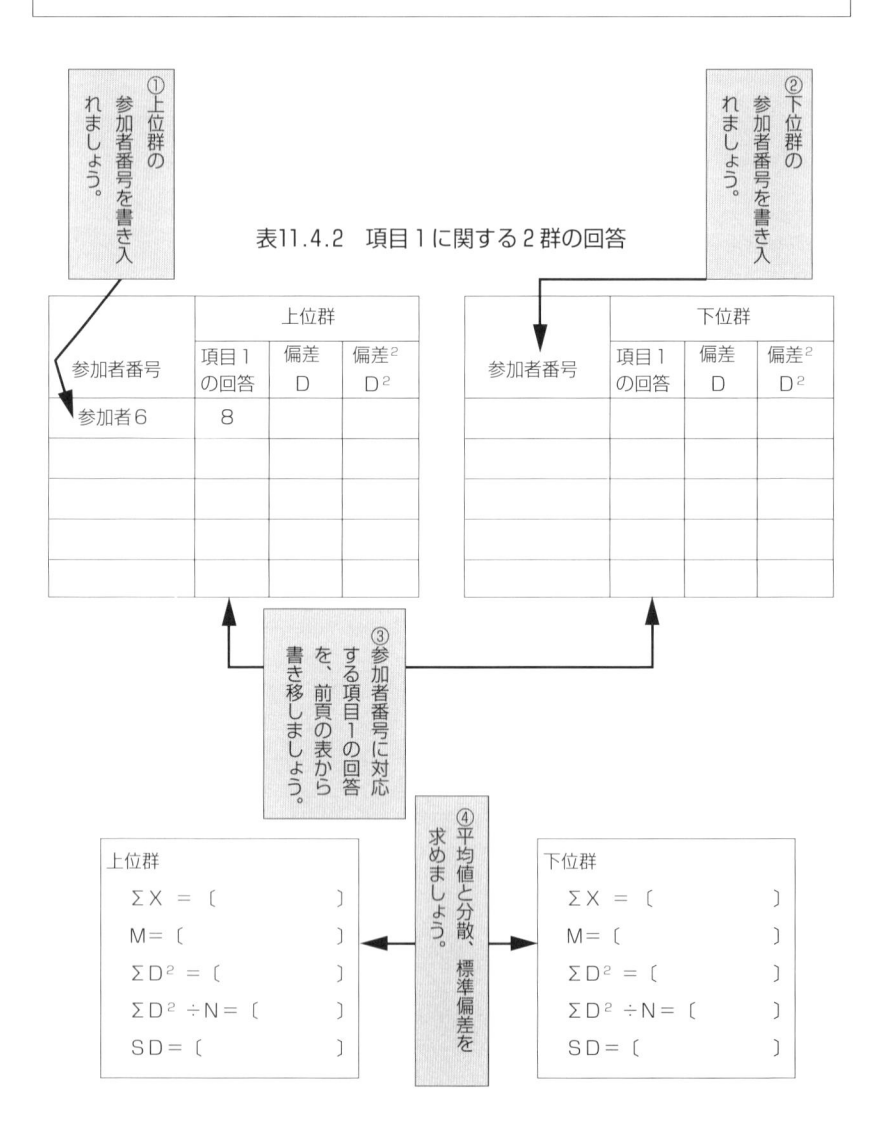

① 上位群の参加者番号を書き入れましょう。

② 下位群の参加者番号を書き入れましょう。

表11.4.2　項目1に関する2群の回答

参加者番号	上位群		
	項目1の回答	偏差 D	偏差² D²
参加者6	8		

参加者番号	下位群		
	項目1の回答	偏差 D	偏差² D²

③ 参加者番号に対応する項目1の回答を、前頁の表から書き移しましょう。

④ 平均値と分散、標準偏差を求めましょう。

上位群
- $\Sigma X = [\quad]$
- $M = [\quad]$
- $\Sigma D^2 = [\quad]$
- $\Sigma D^2 \div N = [\quad]$
- $SD = [\quad]$

下位群
- $\Sigma X = [\quad]$
- $M = [\quad]$
- $\Sigma D^2 = [\quad]$
- $\Sigma D^2 \div N = [\quad]$
- $SD = [\quad]$

(5) 対応のないt検定の前に等分散性の検定

Q11.4.4

項目1の評定値について，上位群の平均値と下位群の平均値に有意な差があるかをt検定で調べます。その前に，まず，2つの標本の分散が等しいかを等分散性の検定で確認します。表11.4.2で算出した値を利用して空欄を埋めてください。

$$F = \frac{N_1 SD_1^2 (N_2 - 1)}{N_2 SD_2^2 (N_1 - 1)}$$
$$= 〔\qquad〕$$

N：データ数
SD^2：分散（$=\Sigma D^2 \div N$）

※分散の大きい群を標本$_1$にします。

自由度 $(df_1, df_2) = 〔\qquad , \qquad〕$

自由度 $df_1 = $ 標本$_1$のデータ数 $N_1 - 1$
自由度 $df_2 = $ 標本$_2$のデータ数 $N_2 - 1$

Fの臨界値 = 〔　　　　　〕

自由度（df_1, df_2）のFの臨界値（5％水準）を，付表の「Fの臨界値」で調べましょう。

◎帰無仮説 H_0　　上位群の母分散 σ^2 = 下位群の母分散 σ^2
◎対立仮説 H_1　　〔　　〕群の母分散 σ^2 ≠ 〔　　〕群の母分散 σ^2
◎標本から算出したF値よりも，臨界値のほうが〔大きい／小さい〕。だから，帰無仮説を〔棄却／採択〕します（➡Q11.3.5）。
- 上位群の母分散と下位群の母分散は等しいと判定します。
- 分散の等しい2つの母集団からサンプリングされた標本です。だから，その標本の分散も〔等しい／等しくない〕と判定します。
- つまり，上位群と下位群の分散は〔等しい／等しくない〕と認めることができます。

◎2群の平均値を比較するために，〔対応のないt検定／対応のあるt検定〕を適用〔できます／できません〕。

(6) t値の計算：対応のない場合

Q11.4.5

等分散性の検定の結果，項目1に関して上位群と下位群が等分散であると認められました。そこで，2つの群の平均値に有意な差が認められるかを，対応のないt検定で調べます。表11.4.2を利用してt値を算出しましょう。

標本$_1$：平均値 M_1，データ数 N_1，分散 $SD^2_1 (=\Sigma D_1^2 \div N_1)$
標本$_2$：平均値 M_2，データ数 N_2，分散 $SD^2_2 (=\Sigma D_2^2 \div N_2)$

　※2つの群のうち，どちらを標本$_1$に割り当ててもよいです。

$$t = \frac{M_1 - M_2}{\sqrt{\frac{N_1 SD^2_1 + N_2 SD^2_2}{(N_1 + N_2) - 2} \left(\frac{1}{N_1} + \frac{1}{N_2} \right)}}$$

$$= \frac{[\qquad] - [\qquad]}{\sqrt{\frac{5 \times [\qquad] + 5 \times [\qquad]}{([\qquad] + [\qquad]) - 2} \left(\frac{1}{[\qquad]} + \frac{1}{[\qquad]} \right)}}$$

$$= \frac{[\qquad]}{\sqrt{\frac{[\qquad] + [\qquad]}{[8]} \times \frac{2}{5}}} = [\qquad]$$

　　　　　　　※適宜，小数点以下の第3位を四捨五入して計算してください。

自由度 df = $(N_1 - 1) + (N_2 - 1)$ = [　　] + [4] = [　　]

t の臨界値 = [　　　　　]

自由度=8のときのtの臨界値（5％水準，両側検定）を付表「tの臨界値」で調べましょう。

(7) 対応のないt検定の仮説と判定

Q11.4.6

前頁のQ11.4.5で算出したt値を使って，対応のないt検定をします。
〔　〕に入る適切な語句を選択してください。

◎t値は，2つの標本の平均値から算出される値です。
　☆2標本が，**平均値の等しい2つの母集団からサンプリングされた2つの標本**ならば，t値は**t分布**（図11.4.1）に従います。
◎対応のないt検定の仮説を立てます。
　☆**帰無仮説 H_0：母平均 μ_1 ー母平均 $\mu_2 = 0$**
　　◇上位群の母平均と下位群の〔母平均／母分散〕には，有意差がないと帰無仮説を立てます。
　　◇帰無仮説を採択したときに，上位群の母平均と下位群の母平均は〔差がない／差がある〕と判定します。
　　◇母平均に差がない母集団からサンプリングされた2つの標本には，その平均も差がないはずだと推測します。
　☆**対立仮説 H_1：母平均 μ_1 ー母平均 $\mu_2 \neq 0$**
　　◇上位群の母平均と下位群の母平均では，〔差がない／差がある〕と対立仮説を立てます。
　　◇対立仮説を採択したときに，上位群の母集団の〔平均値／分散〕と下位群の母集団の平均値に差があると判定します。
　　◇サンプリングされた2標本の平均値にも〔差がある／差がない〕と判定します。

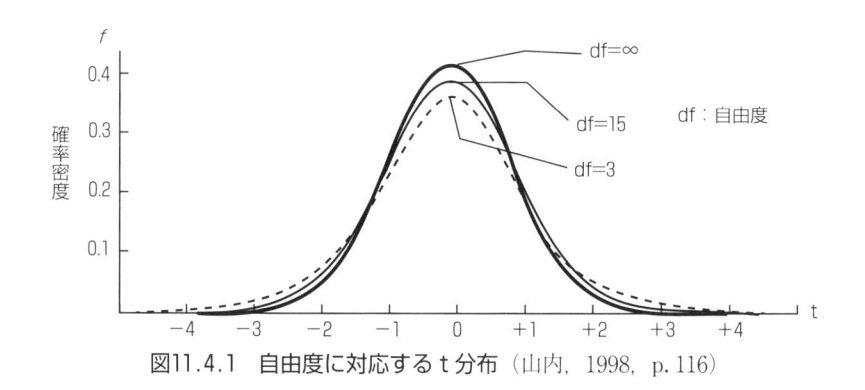

図11.4.1　自由度に対応するt分布（山内，1998，p.116）

Q11.4.7

以下の文を読んで，空所を適語で補充してください。

◎付表「tの臨界値」でtの臨界値を調べます。

　☆自由度dfが8のとき，**両側検定**（➡§10.4.3）で5％水準の臨界値は〔2.31／2.36〕です。上位群と下位群のどちらの得点が高いのか不確実であるので，両側検定をします。

◎tの臨界値を手がかりにして，有意確率（p値）（図内での灰色部分）と有意水準α（5％）を間接的に比較します。

　☆標本から算出したt値の**絶対値**が臨界値より**大きい**とき，有意確率pは有意水準α（5％）より小さいはずなので帰無仮説を棄却します。

　☆他方で，t値の**絶対値**が臨界値よりも**小さい**ときは，有意確率pが有意水準αより**大きい**はずなので帰無仮説を〔棄却／採択〕します。

◎2つの群の標本から算出したt値は〔　　　〕でした（➡Q11.4.5）。

　☆t値の絶対値が臨界値2.31よりも〔小さい／大きい〕ので，帰無仮説（➡Q11.4.6）を〔棄却／採択〕します。

　☆つまり，項目1に関する上位群と下位群の評定値の平均値に有意差が〔認められる／認められない〕と判定します。

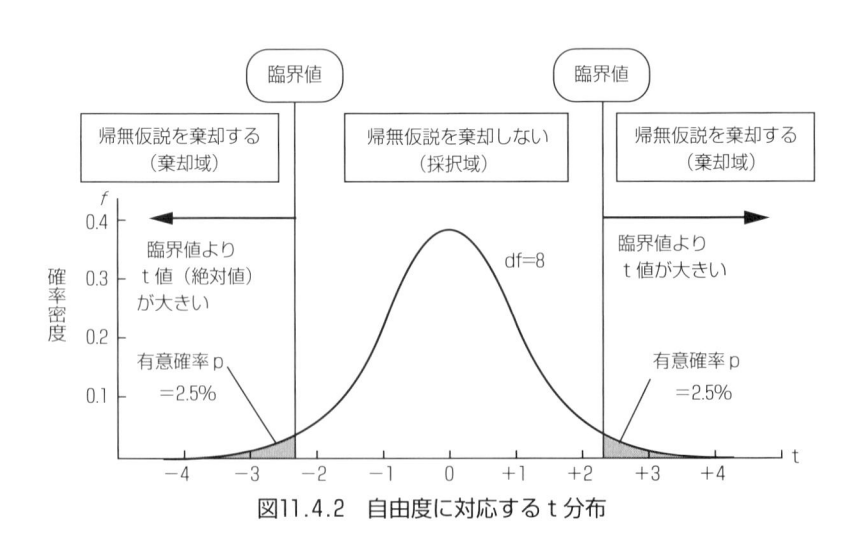

図11.4.2　自由度に対応するt分布

(8) 結果の整理（対応のない t 検定）

◎項目 1 に関する結果は，以下のような「まとめ方」でレポートにします。

> 「就職について，大学生はどのように認識して努力しているか」を調査するために，10項目のアンケートを作成して予備調査を実施した。これらの項目の検出力を検討するために，G-P 分析を実施した。
>
> 各参加者ごとに10項目の評定値の合計点を算出して，その得点の順番で上位 5 名を上位群にした。また，下位 5 名を下位群にした。項目 1 「他人と話すときに，自分から話題を提供するようにしている」の回答得点に関して平均値と標準偏差を表11.4.3に示す。上位群と下位群で平均値に差があるかを対応のない t 検定で分析した。すると，有意差が認められた（$t(8)=2.91$, $p<.05$）。
>
> 項目 1 は，上位群と下位群の違いを検出するために，有効な尺度項目になることがわかった。
>
> **表11.4.3　上位群と下位群の平均値と標準偏差**
>
> | | 平均値 | 標準偏差 |
> |---|---|---|
> | 上位群 | 6.60 | 1.85 |
> | 下位群 | 3.40 | 1.20 |

◎ t 検定の結果の書き方　$t(8)=2.91$, $p<.05$

　☆（　）内の数字は自由度です。

　☆2.91は，2 つの標本から算出した t 値を，小数点以下の第 3 位を四捨五入した値です。そして，その**絶対値**（＋－を取った値）で表します。

　☆有意確率 p が 5 ％よりも大きいか，小さいかを不等号で表します。

　　　◇ $p<.05$　→　5 ％水準で有意差が認められる。

　　　◇ $p>.05$　→　5 ％水準で有意差が認められない。

　　　・「5 ％」は「.05」と表記します。

　☆ "t" や "p" などの統計記号は，斜体で表記します。

§11.5 対応のあるt検定

―テーマ11.5―
対応のあるt検定を学習します。対応のないt検定とt値の算出方法が異なります。また，おなじ実験参加者を繰り返して測定したデータなので，等分散性の検定を行う必要はありません。

(1) 本調査用の質問紙

◎Q11.4.1の質問紙の各項目ごとに対応のないt検定を実施しました。その結果，以下の7項目に関して有意差が認められました。これら7つの項目で本調査の質問紙を作成します（表11.5.1）。

表11.5.1　有意差がある項目の上位群と下位群の平均値と標準偏差

	上位群 平均値	上位群 標準偏差	下位群 平均値	下位群 標準偏差
1. 他人と話すときに，自分から話題を提供するようにしている。	6.60	1.85	3.40	1.20
3. 自分の将来について，親と語り合うようにしている。	6.40	1.36	3.20	1.17
4. ニュースをよく読むようにしている。	7.80	0.75	2.80	1.17
5. 資格があればあるほど，就職活動は有利になると思う。	2.80	0.74	6.20	0.75
7. あいさつは明るくしている。	6.20	1.47	3.40	1.74
8. 顔見知り程度の人とグループで作業するときには，必要ならばリーダーシップをとるようにしている。	7.00	1.26	3.60	1.02
9. 友人と対立しても，自分の意見をはっきり述べるようにしている。	8.00	1.10	4.80	0.98

※小数点以下の第3位を四捨五入して第2位まで表記

(2) 本調査の実施

Q11.5.1

「就職について，大学生はどのように認識して努力しているか」に関する質問紙を，前頁の表11.5.1の7項目で構成して本調査を行いました。どの項目も9件法（1～9）で評定してもらいました（満点は63点）。

同じ大学生を2回調査して，それぞれの時点で質問紙に答えてもらいました。

　　1回目　大学1年生のとき（2010年4月）
　　2回目　大学4年生のとき（2013年4月）

それぞれの時点で，参加者ごとに項目評定値の合計値を算出して，表11.5.2にまとめました。この結果に基づいて，就職に対する意識や努力が変化したかを調べます。①～⑧の手順に従って表11.5.2を完成してください。

表11.5.2　本調査の結果

参加者番号	1年生のとき項目の合計点 (X_1)	4年生のとき項目の合計点 (X_2)	⑤項目合計点の差 $D_X = X_1 - X_2$	⑦差の二乗 D_X^2
参加者1	23	34	23-34=-11	$(-11)^2=121$
参加者2	40	47		
参加者3	35	50		
参加者4	32	41		
参加者5	40	46		
参加者6	29	34		
参加者7	25	52		
参加者8	35	42		
参加者9	34	40		
参加者10	37	36		
合計	①ΣX_1 =〔　　〕	③ΣX_2 =〔　　〕	⑥ΣD_X =〔　　〕	⑧ΣD_X^2 =〔　　〕
平均値	②M_1 =〔　　〕	④M_2 =〔　　〕		

（3） t値の計算：対応のある場合

◎表11.5.2から，以下の数式を使ってt値を算出してください。
2つの標本の平均値のうち，どちらをM_1に代入してもかまいません。

M：平均値（表11.5.2の②④）
N：人数
ΣDx^2：表11.5.2の⑧
ΣDx ：表11.5.2の⑥

$$t = \frac{M_1 - M_2}{\sqrt{\dfrac{N \times \Sigma Dx^2 - (\Sigma Dx)^2}{N^2(N-1)}}}$$

$$= \frac{〔〕 - 〔〕}{\sqrt{\dfrac{10 \times 〔1352〕 - 〔〕^2}{10^2 \times 〔〕}}}$$

$$= \frac{〔〕}{\sqrt{\dfrac{〔〕 - 〔〕}{〔900〕}}}$$

$$= \frac{〔〕}{\sqrt{\dfrac{〔〕}{〔〕}}} = \frac{〔〕}{〔〕} = 〔〕$$

※適宜，小数点以下第3位を四捨五入して計算してください。

自由度 df ＝（N － 1）＝〔　　　　〕

tの臨界値＝〔　　　　　〕

自由度＝9のときのtの臨界値（5％水準，両側検定）を付表「tの臨界値」で調べましょう。

(4) 対応のある t 検定の仮説と判定

Q11.5.2

以下の文を読んで，適語を補充してください。

◎1年時と4年時とで，質問紙の項目合計値（以下，得点と記す）の平均値に有意差があるかを調べるために〔対応のないt検定／対応のあるt検定〕を行います。

◎t値は，2つの標本の平均値から算出される値です。

☆前頁§11.5.3で，1年時と4年時の標本から，t値を算出しました。

☆2標本が，**母平均値の等しい**2つの母集団から，それぞれサンプリングされた標本ならば，t値は**t分布**（➡図11.4.1）に従います。

◎対応のあるt検定の仮説を立てます。この2つの仮説は対応のないt検定と同等です。

☆**帰無仮説 H_0：母平均 μ_1 − 母平均 μ_2 = 0**

◇1年時の得点の〔母平均／母分散〕と4年時の得点の母平均は差がないと仮説を立てます。

◇帰無仮説を採択したとき，1年時の得点の母平均と4年時の得点の母平均には差がないと判定します。

◇母平均に差がない母集団からサンプリングされた2標本であれば，その〔標準偏差／平均／分散〕もまた差がないと推測します。

- つまり，1年時の得点と4年時の得点は，その平均値に有意な〔差がある／差がない〕と判断します。

☆**対立仮説 H_1：母平均 μ_1 − 母平均 μ_2 ≠ 0**

◇1年時の得点の母平均と4年時の得点の母平均との間に，有意な〔差がない／差がある〕と仮説を立てます。

◇対立仮説を採択したときは，1年時の母集団の〔平均値／分散〕と4年時の母集団の平均値に差があると判定します。

◇サンプリングされた2標本の平均値にも〔差がある／差がない〕と判定します。つまり，1年時の得点平均値と4年時の得点平均値は有意な〔差がある／差がない〕と判断します。

第11章　t検定：2標本の比較

Q11.5.3

Q11.5.2の続きです。以下の文を読んで，適語を補充してください。

◎付表「ｔの臨界値」でｔの臨界値を調べます。
　　☆1年時と4年時の標本の場合，自由度 df は〔　　　〕です。このとき，両側検定（➡§10.4.3）で5％水準の臨界値は〔　　　　　〕です。
　　☆1年時と4年時のどちらの得点が高いか〔明らか／不明〕なので，両側検定を実行します。
◎ｔ値が表す臨界値を手がかりにして，有意確率 p（図11.5.1の灰色部分）と有意水準 α（5％）を間接的に比較します。
　　☆標本で算出した**ｔ値の絶対値**が臨界値より大きいときは，有意確率 p が有意水準 α（5％）より小さいはずなので帰無仮説を棄却します。
　　☆**ｔ値の絶対値**が臨界値より小さいときは，有意確率 p が有意水準 α より大きいはずなので帰無仮説を〔棄却／採択〕します。
◎1年時と4年時の2標本から算出したｔ値は〔　　　〕でした。
　　☆そのｔ値の絶対値は臨界値よりも〔小さい／大きい〕ので，帰無仮説を〔棄却／採択〕します。
　　☆つまり，就職に関する質問紙の得点は，大学1年時と4年時で有意差が〔認められる／認められない〕と判定します。

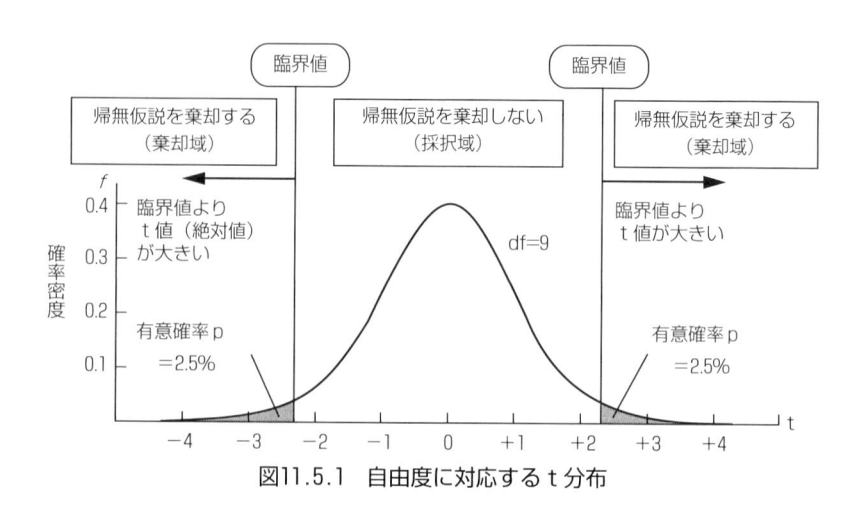

図11.5.1　自由度に対応するｔ分布

§11.5　対応のある t 検定

(5) 結果の整理（対応のある t 検定）
◎ t 検定の結果を以下のようにまとめます。

> 　大学1年時と4年時とで，「就職について，大学生はどのように認識をして努力しているか」に関して，違いがあるかどうかを比較するために，質問紙による調査を実施した。
>
> 　質問項目は7項目（➡表11.5.1）で構成して，9件法を採用した。これらの項目は，いずれも予備実験のG-P分析で有意差が認められた項目であった。
>
> 　実験参加者は大学生10名で，大学1年時の4月および4年時の4月に質問紙に回答してもらった。質問紙の7項目の評定値を合計して得点とした。1年時の得点と4年時の得点ごとに，それぞれ平均値と標準偏差を算出したが，結果を表11.5.3にまとめて示す。
>
> 　大学1年時と4年時とで，得点の平均値に差があるかを対応のある t 検定で分析した。すると，有意差が認められた（$t(9) = 3.88, p<.05$）。1年時よりも4年時のほうが点数が高くなるという結果は，就職に向けて自分なりの努力をしている人が多いことを反映しているのだろう。
>
> 表11.5.3　質問紙の得点の平均値と標準偏差
>
> | | 平均値 | 標準偏差 |
> |---|---|---|
> | 1年時 | 33.00 | 5.51 |
> | 4年時 | 42.20 | 6.11 |

◎ t 検定の結果の書き方　$t(9) = 3.88, p<.05$

　　☆（　）内の数字は自由度です。

　　☆**3.88**は2つの標本から算出した t 値の**絶対値**です。小数点以下の第3位を四捨五入して計算した値です。

　　☆**有意確率** p が5％よりも大きいか，小さいかを不等号で表します。

　　　　◇ $p<.05$　　5％水準で有意差が認められる。

　　　　◇ $p>.05$　　5％水準で有意差が認められない。

　　　　　・5％は「.05」と表記します。

　　　　　・1％水準のときは，「.05」の部分を「.01」にします。

　　☆ "t" や "p" などの統計記号は，斜体で表記します。

第12章

分散分析：3標本の比較

　前章（第11章）で解説したように，2標本の平均値の差については，**t検定**を適用して有意性を判定します。本章では，3標本の平均値の有意差について，F比で検定する**分散分析**（ANOVA: analysis of variance）を解説します。t検定も分散分析も量的データ（➡図3.1.1）に対して適用されます。他方，質的データならば次章（第13章）で解説するχ^2**（カイ二乗）検定**を適用して，標本間に違いがあるかどうかを判定します。

§12.1　ウォームアップ

─ テーマ12.1 ─
　組み合わせを巴（ともえ）と言います。二つ巴と三つ巴では，情報処理の考え方が違うようです。ここから話を始めましょう。

(1) 二つ巴と三つ巴

Q12.1.1
　幼児がAとBのどちらが好きかは，AとBを同時に提示して選択させれば知ることができます。それでは，AとBとCの好きな順番を知りたいときはどうすればよいでしょう。その方法を書いてください。

Q12.1.2
　賭け事ならば，二つ巴の典型はコイン投げで，三つ巴の典型はジャンケンです。競技者の気持ちになって，分かれ目となる要因を考えてください。

§12.1　ウォームアップ

(2) 注目する次元

◎ぜひ，水族館に行って小魚の群れを観察してください。以下のような出来事を直接に見ることができて感嘆することでしょう。ついでに有元（2007）などを読んでおくと，面白くてならないはずです。

☆群れた小魚を全体的に注目して見ていると，連続的に変化する多様な形状から，全体そのものに意志があるかのように感じます。つまり，必然的な変化であり偶然的な変化ではないと印象づけられます。このような事情は，図12.1.1の④で図解した集団ベクトルに相当します。

☆ところが，ある1匹に注目して観察していると，その運動変化が個別的な制御の表現であり，全体の共変的な制御の表現ではないと思えます。このような事情は，図12.1.1の③で図解した個々のベクトルが，それぞれ運動している様子に相当します。

☆注目する次元の差異を反映して，知覚される表象内容が違ってきます。

◎群れ泳ぐ魚の機構について，現時点での知見を概述しておきましょう。

☆魚の頭部にある内耳が平衡感覚を感知して，左右方向と上下方向の姿勢を制御しています。さらに，直線加速度と回転加速度を感知します。

☆体幹の側線が視覚と協働して，前後と左右の仲間を知覚しつつ運動を制御します。側線の管内はリンパ液で充たされ，水中の変化を感知します。

①ベクトルの和　　②ベクトルの差　　③個々のベクトル　　④集団ベクトル p

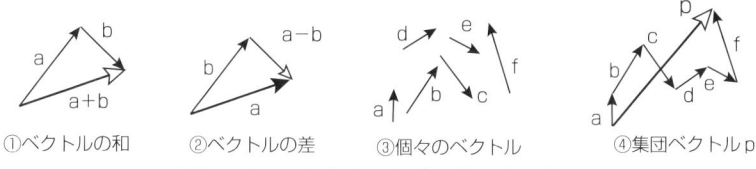

図12.1.1　ベクトルの合成：和・差・集団

Q12.1.3

3標本の平均値の差は，〔A-B：B-C：C-A〕と2標本ごとのペアでt検定を重ねればよいと思われます。しかし，3標本を比較するためには分散分析が必要になります。直感的でよいので理由を考えてみてください。

H 12.1.1

以下の文を読んで，〔　〕に当てはまる適語を選択してください。
◎発達途上にある幼児は，処理できる変数の違いで発達度を推測できます。
　☆2歳ぐらいだと〔個別的／共変的／統合的〕な知覚は可能です。しかし相関する関係は知覚できません。自己中心性と呼びます。
　　◇この段階は，図12.1.1で③の状態だと類推できます。
　☆3歳ぐらいになると，相関関係の理解が可能になります。しかし，言語発達が〔十分／不十分〕なため統合的な処理が効きません。
　　◇この段階は，図12.1.1で①②の状態として類推できます。つまり，局所的な共変の関係は理解できます。しかし，変数を適宜に丸めたマクロ水準での少変数化は処理しきれません（➡図6.4.1）。
　☆3歳児に〔A／B／C〕を同時呈示して，好きな順番を言わせる課題は〔成立します／成立しません〕。だから，2つずつをペアにして，すべてのペアで一方を選択させます。

H 12.1.2

◎ハイダー理論（➡図8.2.3）の用語（物象化と人象化）を借りてみます。
　☆大人と子どもが勝負をしたとき，〔コイン投げ／ジャンケン〕のほうが大人の勝つ確率が高いはずです。なぜでしょう。
　☆一方で，コイン投げは意図の介入度が低いので，〔物象的／人象的〕と言ってよいでしょう。他方で，ジャンケンは人象的な出来事として理解できます。意図を介入〔させにくい／させやすい〕からです。

A 12.1.3

◎3標本を〔① A-B；② B-C；③ C-B〕と組み合わせます。
◎t検定で少なくとも1つの組み合わせが，5％水準（$p<.05$）で，有意差を認知できる確率（p値）は，以下のように計算できます。
$$1 - [(1-0.05) \times (1-0.05) \times (1-0.05)] = 1 - [0.95 \times 0.95 \times 0.95]$$
$$= 1 - 0.857375 = 0.142625$$
◎危険率が5％水準と厳しく評価したつもりなのに，重ねると，実は14％水準という甘い危険率を設定したことになります。心理学では，これほど緩すぎる危険率だと有意差の根拠として認めません。

§12.2　分散分析の理法

> テーマ12.2
>
> 　2項だけを関係づける**単一比較**と，3項以上を関係づける**多重比較**では，その理法（考え方）が本質的に異なっています。単一比較ならば，外的基準に適合しているかどうかで処理できます。ところが多重比較では，外的基準だけでなく内的基準も問題になります。A12.1.3で，p値を重ねると望外の危険率になってしまう事情を紹介しました。p値は**外的基準**ですが，p値を適正にするには，さらに**内的基準**を関与させる必要があると洞察できます。分散分析は，このような要請によって構成されている検定法ですが，核心部の理法を解きほぐして解説します。

(1) データのモデル

　　データ＝構造＋誤差
　　　　☆構造　系統的な変動（考慮に入れて予測していた変化）
　　　　☆誤差　偶然的な変動（考慮に入れていない不測の変化）

> Q12.2.1
>
> 　以下の文を読んで，空所を補充する適語を選択してください。
> ◎データが表現している要因を構造と誤差に分けることができます。
> 　　☆構造要因が効いているほど〔大きい／小さい〕変動が特徴的であって，変動の幅が〔大きい／小さい〕ほど誤差要因の影響を受けているためであろうと推測できます。
> 　　☆内的制御が効いているほど，外的影響を〔受けやすい／受けにくい〕ので構造が〔不安定になって／安定して〕います。外的影響が大きいほど内的制御が〔有効／無効〕になって変動の幅が大きくなります。
> 　　☆データサイズが大きいほど不測の変動により〔大きな／小さな〕影響を受けます。逆に，データサイズが小さいほど不測の変動による影響が〔増大／減少〕します。大数の法則を体験的に理解できただろうと思います。大数化されるほど誤差が相互に打ち消しあって〔同質的／異質的〕な正規分布に近似します（→図2.2.8）。データサイズが小さいと，偶然の影響を受けて不安定（尖った・偏った・多峰的）な分布になり，統計分析の性能が〔良好／不良〕になります。

第12章　分散分析：3標本の比較

(2) 分散分析のイメージ

◎分散分析という名称から考えて，「分散を分析する方法が，どうして，平均値の差の分析になるのか？」と疑問に思うでしょう。この疑問に答えるために，分散分析のイメージを図12.2.1で分析しました。なお，群Aと群Bと全体Tの分布は，それぞれ正規分布すると仮定されます。単純化して群Aと群Bで図解しましたが，群Cを加えて同様に考えると3群になります。

　☆分散分析は，3標本それぞれの分散の違いを利用して，平均値の差を分析して有意差を検定する方法です。

　☆イメージ①のように，平均Aが平均Tから離れていても，分散が大きいと有意差を評価できません。その逆で，イメージ②のように，平均値の差が小さくても，分散が小さいと有意差があります。

　☆イメージ③のように群Aに属する標本について，その値と平均Tとのズレは，群間のズレと群内のズレとに分解できます。群間のズレが大きく，群内のズレが小さいときは，平均値の差が有意であると検定できます。

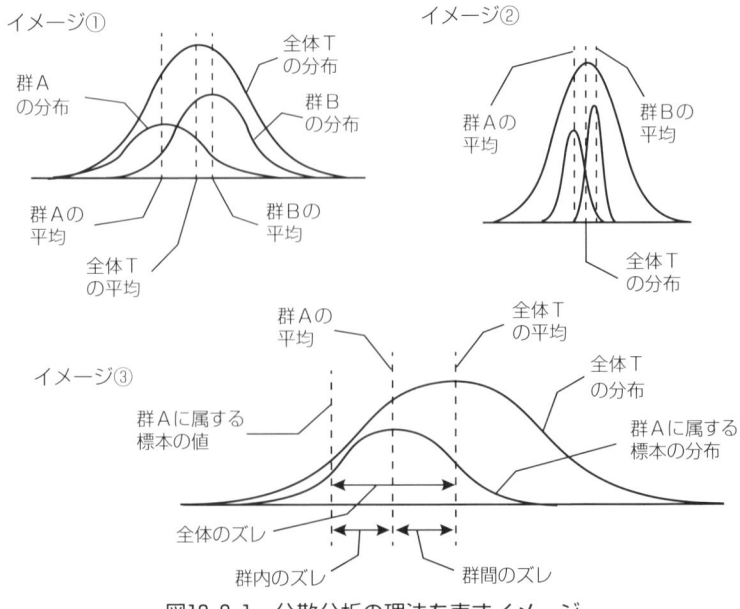

図12.2.1　分散分析の理法を表すイメージ

§12.2 分散分析の理法

(3) イメージの解読

◎図12.2.1でイメージ化した分散分析を，図12.2.2の擬似データで解読します。中野・田中（2012, pp. 136-139）と田中・中野（2013, pp. 107-109）に感謝して，そのアイデアに準じて解説します。

☆話の筋をわかりやすくするために，図12.2.2でⓐⓑⓒと順序を追って解説します。データは，ⓐのように，極端に単純化してあります。

☆このデータを使って図12.2.1のイメージ③を解読すると，ⓑのように図解できます。ⓑの図解に従って，群間と群内で生じるズレを計算するとⓒのようになります。

☆ⓒのように分析されたデータを使って，次頁の（4）でF検定を実行します。分散分析法を創成したフィッシャー（Ronald Fischer, 1890-1962）の名前から取ってF検定と呼びます。

ⓐ 分散分析のイメージを解読するためのデータ

A群のデータ＝[1, 3]	B群のデータ＝[6, 10]
A群の平均$M_A=(1+3)\div 2=2$	B群の平均$M_B=(6+10)\div 2=8$
全体の平均$M_T=(1+3+6+10)\div 4=5$	

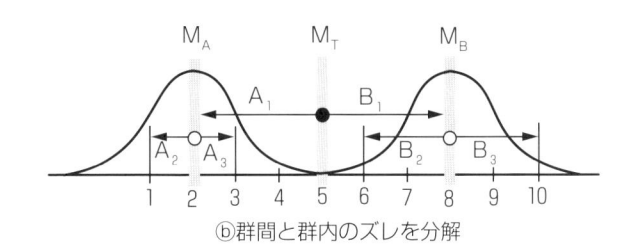

ⓑ 群間と群内のズレを分解

ⓒ ズレの発生経路と程度の計算

	経路	群間のズレ	群内のズレ
ズレ発生①	$A_1 \to A_2$	$A_1=2-5=-3$	$A_2=1-2=-1$
ズレ発生②	$A_1 \to A_3$	$A_1=2-5=-3$	$A_3=3-2=+1$
ズレ発生③	$B_1 \to B_2$	$B_1=8-5=+3$	$B_2=6-8=-2$
ズレ発生④	$B_1 \to B_3$	$B_1=8-5=+3$	$B_3=10-8=+2$

図12.2.2 分散分析のイメージを解読

(4) 分散分析表

◎図12.2.2の©で計算した数値を使って，分散分析表を作ります。

☆群の効果（群間）

◇群間のズレを二乗して合計します。そのままを加算すると値がゼロになってしまうので，二乗した**偏差平方和**を求めます。

偏差平方和（SS: Sum of Square）
$= (-3)^2 + (-3)^2 + (+3)^2 + (+3)^2 = 36$

◇偏差平方和を**自由度**で割って**平均平方**を求めます。自由度は，分散の指標であり，群の効果の自由度は〔群の数−1〕です。

自由度（df: degree of freedom）$= 2 - 1 = 1$

平均平方（MS: Mean of Square）$= 36 \div 1 = 36$

☆偶然誤差（群内）

◇群内のズレの偏差平方和を求めます。

偏差平方和 $= (-1)^2 + (+1)^2 + (-2)^2 + (+2)^2 = 10$

◇偏差平方和を**自由度**で割って**平均平方**を求めます。自由度は，分散の指標で，偶然誤差の自由度は**群の数**×〔**群のデータ数**−1〕です。

自由度 $= 2 \times (2-1) = 2$　　　平均平方 $= 10 \div 2 = 5$

☆F値

◇F＝〔群の効果の平均平方〕÷〔偶然誤差の平均平方〕

$F = 36 \div 5 = 7.2$

☆分析の結果を表す**分散分析表**

要因	偏差平方和	自由度	平均平方	F値
群の効果	36	1	36	7.2
偶然誤差	10	2	5	

◎付表「Fの臨界値」を見ます。

☆自由度は〔$df_1 = 1$, $df_2 = 2$〕なので，5％水準の臨界値は〔18.513〕です。臨界値よりF値が大きいとき**有意**と判定します（➡図11.3.2）。

☆計算されたF値は〔7.2〕なので，有意でないと判定できます。

◎偏差（ズレ）を二乗して，加算した偏差平方和を自由度で割った値は，**分散**に相当します（➡§4.2.1）。だから，分散分析と言います。偏差は平均からの差（ズレ）です。だから，平均値の差を分析していることになります。

(5) 分散分析の種類

◎本書では，1元配置の参加者間計画（①の@）の分散分析だけに限定します。
これ以上は手計算が無理であり，パソコンと統計ソフトが必要です。

① 1元配置（1要因）：1要因で3群（条件）以上を比較
　　@ **参加者間計画（対応なし）**：条件ごとに異なる参加者
　　ⓑ **参加者内計画（対応あり）**：同じ参加者が条件ごとに繰り返し

@ 参加者間計画（対応なし）

学習法	参加者	データ
示唆群	学生01	89
	学生02	90
自学群	学生03	65
	学生04	48
講義群	生徒05	25
	学生06	17

ⓑ 参加者内計画（対応あり）

参加者	学習法		
	示唆群	自学群	講義群
学生01	57	61	78
学生02	82	63	56
学生03	38	45	50

② 2元配置（2要因）：2要因をクロスさせて群（条件）を構成
　　@ **参加者間計画（対応なし）**：条件群ごとに異なる参加者が反応
　　ⓑ **参加者内計画（対応あり）**：同じ参加者の事前反応と事後反応
　　ⓒ **混合計画**：　　　　　　　　同じ参加者が異なる条件ごとに反応

@ 参加者間計画（対応なし）

学習法	教師	参加者	データ
示唆群	熟練群	学生01	78
		学生02	66
	初心群	学生03	35
		学生04	48
自学群	熟練群	学生05	95
		学生06	89
	初心群	学生07	56
		学生08	61
講義群	熟練群	学生09	85
		学生10	78
	初心群	学生11	25
		学生12	17

ⓑ 参加者内計画（対応あり）

学習法	示唆群		自学群		講義群	
測定時	事前	事後	事前	事後	事前	事後
学生01	57	61	78	92	65	68
学生02	82	63	56	60	59	64
学生03	38	45	50	48	53	58
学生04	16	05	23	15	08	10

ⓒ 混合計画

成績	参加者	学習法		
		示唆群	自学群	講義群
上位群	学生01	57	61	78
	学生02	82	63	56
下位群	学生03	38	45	50
	学生04	16	05	23

第12章　分散分析：3標本の比較

§12.3　対応のない3標本

───テーマ12.3────────────────────────
　対応のない3標本の平均値に，有意差があるかどうかを検定する分散分析を学びます。F検定と表現するときもあります。§12.2.5で提示した分類では，**1元配置の参加者間計画**と名づけています。
────────────────────────────────

(1) 実験計画：発話恐怖症と療法

|Q|12.3.1 ────────────────────────
　発話恐怖症の症状を緩和する効果的な療法として，洞察療法，行動療法，脱感作療法の3種類を比較して検討しました。参加者は，人前でのスピーチに困難を示す大学生30名で，3つの療法に10名ずつ無作為に割り当てました。参加者の課題は，療法を受ける前と後の2回行われるスピーチコンテストでスピーチをすることです。参加者の発話恐怖の症状がどれだけ改善したかを数値化するために，参加者それぞれに2回のスピーチをさせて，発話の困難が現れた程度を，実験目的を知らない専門家が10段階で評定しました。発話困難度の改善を，その2回の評定の差で定義しました。3つの療法によって得られたデータを表12.3.1に示します。発話恐怖症に対する療法として，どの療法が効果的だと言えるでしょうか。

表12.3.1　2回のスピーチの評価点の差（点）

	洞察療法	行動療法	脱感作療法
1	7	2	2
2	5	5	3
3	6	4	4
4	7	3	3
5	5	4	3
6	7	5	4
7	5	4	4
8	5	3	2
9	6	6	3
10	7	4	2

Q12.3.2

以下の文を Q12.3.1 と対応づけて，空所を適語で補充してください。

◎実験参加者は全部で〔　　　〕名です。

☆いずれも人前での〔　　　　〕に困難を示す大学生です。

◎以下のようにデザインされている実験です（➡ §8.3.6 の⑥）。

$E_1 : R \to O_1 \to X_1 \to O_2$
$E_2 : R \to O_1 \to X_2 \to O_2$
$E_3 : R \to O_1 \to X_3 \to O_2$

E：実験群（➡ §8.3.3）
R：ランダムサンプリング
X：独立変数
O：従属変数

☆独立変数 X は，心理療法で，3 つの条件が設定されています。

　◇ X_1 =〔　　　　　〕
　◇ X_2 =〔　　　　　　〕
　◇ X_3 = 脱感作療法

☆ O_1 は，療法を受ける〔前／後〕の評価です。

　◇療法を受ける前に実施したスピーチコンテストの場面で，参加者が人前でのスピーチに困難を表わした程度を，〔　　　〕段階尺度で専門家が評定した得点です。
　◇「大変な困難あり（10 点）」から「ほとんど困難なし（1 点）」までの点数で評定してもらいました。

☆ O_2 は，療法を受けた後の評価です。

　◇療法を受けてから 2 日後に実施したスピーチコンテストにおいて，人前でのスピーチに困難を表した程度を，〔　　　　　　〕が 10 段階尺度で評定した得点です。

☆従属変数 O は，O_1 と O_2 の差で定義します。

　◇**従属変数 O＝療法前の評価 O_1 －療法後の評価 O_2**
　◇治療の評価間の差が大きいほど，治療の効果が〔大きい／小さい〕ことを意味します。

◎実験群（$E_1 \sim E_3$）に応じた〔1 つ／2 つ／3 つ〕の従属変数の平均値を比較するために分散分析（F 検定）を実施します。

☆3 つの実験群は，〔同じ／異なる〕参加者で構成されています。
☆だから，〔対応のない／対応のある〕分散分析を適用します。

第12章　分散分析：3標本の比較

(2) 対応のない1元配置の計算法

Q12.3.3

これから，表12.3.1で呈示したデータを使って，参加者間計画（対応なし）の1元配置の計算法を解説します。最初に表12.3.2の空所部分を計算して数値を補充して，さらに次頁の計算式の空所を計算した数値で補充してください。なお，ここではショートカット計算法を紹介します。

表12.3.2　分散分析の計算法を表す模式データ

番号	A群：洞察療法		B群：行動療法		C群：脱感作療法		
	X_A	① X_A^2	X_B	② X_B^2	X_C	③ X_C^2	
1	7	49	2	4	2	4	
2	5	25	5	25	3	9	
3	6	36	4		4		
4	7		3		3		
5	5		4		3		
6	7		5		4		
7	5		4		4		
8	5		3		2		
9	6		6		3		
10	7		4		2		合計
総和	④ ΣX_A $=60$		⑤ ΣX_B $=$		⑥ ΣX_C $=$		④+⑤+⑥ $=$
総和の二乗	⑦ $(\Sigma X_A)^2$ $=3600$		⑧ $(\Sigma X_B)^2$ $=$		⑨ $(\Sigma X_C)^2$ $=$		⑦+⑧+⑨ $=$
二乗和		⑩ ΣX_A^2 $=$		⑪ ΣX_B^2 $=$		⑫ ΣX_C^2 $=$	⑩+⑪+⑫ $=$

§12.3 対応のない3標本

※小数点以下第3位を四捨五入して計算を進めてください。

⑬群間の偏差平方和SS_A

$$= \frac{総和の二乗の合計（⑦+⑧+⑨）}{群のデータ数} - \frac{総和の合計^2 （④+⑤+⑥）^2}{群の数×群のデータ数}$$

$$= \frac{〔\qquad〕}{〔10〕} - \frac{〔\qquad〕^2}{〔③〕×〔10〕} = 〔⑬\qquad〕$$

⑭群内の偏差平方和SS_W

$$= 二乗和の合計（⑩+⑪+⑫） - \frac{総和の二乗の合計（⑦+⑧+⑨）}{群のデータ数}$$

$$= 〔\qquad〕 - \frac{〔\qquad〕}{〔\qquad〕} = 〔⑭\qquad〕$$

⑮群間の平均平方$MS_A = \dfrac{⑬SS_A}{群の数-1} = \dfrac{〔\quad〕}{〔\quad〕} = 〔⑮\qquad〕$

⑯群内の平均平方$MS_W = \dfrac{⑭SS_W}{群の数×（群のデータ数-1）} = \dfrac{〔\quad〕}{〔\quad〕} = 〔⑯\qquad〕$

⑰$F = \dfrac{⑮MS_A}{⑯MS_W} = \dfrac{〔\quad〕}{〔\quad〕} = 〔\qquad〕$

⑱付表「Fの臨界値」で5％水準の臨界値を決定します。そして、Ｆ値が臨界値より大きいときは群間に有意差を認めて、Ｆ値が臨界値より小さいときは有意差を認めません。

表12.3.3　１元配置の分散分析の結果

変動因	偏差平方和 SS	自由度 df	平均平方 MS	F値
療法A	⑬	$df_1 =$ 群数-1 = 〔　〕	⑮	⑰
誤差W	⑭	$df_2 =$ 群数×（データ数-1）= 〔　〕	⑯	

§12.4 多重比較検定

> テーマ12.4
> 3群を2群ずつで組み合わせた平均値の差をt検定すると，思いがけない問題が発生します（→Ⓐ12.1.3）。分散分析でも発生する同根の問題を回避するために，たとえF検定によって平均値に有意差が認められても，平均値の多重比較検定を実行しておく必要があります。

(1) 有意差が発生している場合の特定

◎多重比較が必要になる理由は，とりあえず，そういうことかと心得ておくだけで十分でしょう。森・吉田（1990, pp.157-162）と，吉田（1998, pp.205-207）に準じて解説するので，理解が深まったときに参照してください。

　　☆分散分析の仮説検定を確認します（→§10.2.3）。ここでは，一元配置の3群として記述します。〔μ〕は母平均を意味します。

　　　　◇帰無仮説　3群の平均値はすべて等しい（$\mu_A = \mu_B = \mu_C$）。
　　　　◇対立仮説　3群の平均値はすべて等しいわけではない。

　　☆対立仮説の採択は，以下の場合のどれかであることを意味します。

　　　　① $\mu_A \neq \mu_B$, $\mu_A \neq \mu_C$, $\mu_B \neq \mu_C$
　　　　② $\mu_A = \mu_B$, $\mu_A \neq \mu_C$, $\mu_B \neq \mu_C$
　　　　③ $\mu_A \neq \mu_B$, $\mu_A = \mu_C$, $\mu_B \neq \mu_C$
　　　　④ $\mu_A \neq \mu_B$, $\mu_A \neq \mu_C$, $\mu_B = \mu_C$
　　　　⑤ $\mu_A \neq \mu_B$, $\mu_A = \mu_C$, $\mu_B = \mu_C$
　　　　⑥ $\mu_A = \mu_B$, $\mu_A \neq \mu_C$, $\mu_B = \mu_C$
　　　　⑦ $\mu_A = \mu_B$, $\mu_A = \mu_C$, $\mu_B \neq \mu_C$

　　☆だから，対立仮説を採択できたので平均値に差があったと主張する表現は不正確です。どの場合の有意差を表しているかを，多重比較検定によって確認しなければなりません。

◎対応のない群間の平均値の差は，t検定でもF検定でも以下の条件であるほど有意差を検出します。

　　☆各群の平均値の差が大きいほど
　　☆各群の標準偏差が小さいほど
　　☆各群のデータ・サイズが大きいほど

(2) 各群の平均値と標準偏差値

◎多重比較検定を実行するために，まず，各群の平均値と標準偏差値を算出しておきます。表12.4.1の空所を補充する数値を計算します。詳しくは表2.3.1を参照してください。小数点以下は第3位を四捨五入します。

表12.4.1　各群ごとに平均値と標準偏差値を算出

番号	A群：洞察療法			B群：行動療法			C群：脱感作療法		
	X_A	偏差 $D_A = X-M$	偏差二乗 $D_A^2 = D \times D$	X_B	偏差 $D_B = X-M$	偏差二乗 $D_B^2 = D \times D$	X_C	偏差 $D_C = X-M$	偏差二乗 $D_C^2 = D \times D$
1	7			2			2		
2	5			5			3		
3	6			4			4		
4	7			3			3		
5	5			4			3		
6	7			5			4		
7	5			4			4		
8	5			3			2		
9	6			6			3		
10	7			4			2		
Σ									
N									
M									
SD									

合計値　ΣX　　データ数　N

平均値　　　M＝(ΣX)÷N　　　　　　標準偏差値　$SD = \sqrt{(\Sigma D^2) \div N}$

　　①M_AとM_Bの差の絶対値　　$|M_A - M_B| = 〔\qquad 〕$

　　②M_BとM_Cの差の絶対値　　$|M_B - M_C| = 〔\qquad 〕$

　　③M_AとM_Cの差の絶対値　　$|M_A - M_C| = 〔\qquad 〕$

　　　　※絶対値は＋－の記号を取った値　$|-3| = 3$

(3) チューキー法

◎3群それぞれの間で平均値の差の絶対値を算出すると，表12.4.2のようになります。＊印を絶対値の右上に付けましたが，5％水準での有意差があることを意味します。

表12.4.2　群間の平均値の分析

条件	平均値	差の絶対値
洞察療法群	6.00	①2.00＊ ③3.00＊
行動療法群	4.00	②1.00
脱感作療法群	3.00	

＊5％水準で有意差あり

◎多重比較のために種々の検定方法が工夫されていますが，ここでは，もっとも汎用性が高いチューキー（Tukey）のHSDで検定します。

$$HSD = q \times \sqrt{MS_w \div N}$$

- MS_w　　誤差（群内）Wの平均平方 MS_w（➡表12.3.3⑯）
- N　　　　各群のデータ数
- q　　　　5％有意水準のqの臨界値
　　　　　付表「qの臨界値」でkとdfが交差するセルの数値
　　　　　　k　群数　　df　誤差Wの自由度

Q 12.4.1

表12.3.3と表12.4.2の結果に基づいてHSDを算出します。

☆k＝〔　　　〕で，df＝群の数×（群のデータ数－1）＝〔　　　〕だから，付表「qの臨界値」を見て，臨界値はq＝〔　　　〕

☆MS_w＝〔　　　〕で，N＝〔　　　〕だから，HSD＝〔　　　〕

☆洞察群と行動群の平均値の差の絶対値は〔　　　〕で，HSDの値より〔大きい／小さい〕ので，有意差が〔ある／なし〕と認めます。

☆行動群と脱感作群の平均値の差の絶対値は〔　　　〕で，HSDの値より〔大きい／小さい〕ので，有意差が〔ある／なし〕と認めます。

☆洞察群と脱感作群の平均値の差の絶対値は〔　　　〕で，HSDの値より〔大きい／小さい〕ので，有意差が〔ある／なし〕と認めます。

(4) 結果の整理（対応のない1元配置の分散分析）

◎表12.3.1のデータで分散分析をした結果，有意差を認めることができました。この結果を受けて，レポートまたは論文を作成するとき，以下のような記述が挿入されるでしょう。参考にしてください。

【記述例】

　本研究では，発話恐怖症に対する洞察療法・行動療法・脱感作療法に効果の違いがあるかどうか調べた（独立変数）。表12.4.3は，3群に関する評価得点の平均値と標準偏差を表わす（従属変数）。そして，平均値の違いを図12.4.1で折れ線グラフで示した。この違いが有意差を意味するかどうかを一元配置の分散分析で検定したところ，有意差が認められた（$F(2, 27)=24.31, p<.05$）。多重比較検定の結果，［洞察療法―行動療法］と［洞察療法―脱感作療法］の組み合わせで，平均値に有意な差が認められた。そして，洞察療法の平均値が行動療法や脱感作療法よりも高かった。このような結果から，発話恐怖症の改善について洞察療法がもっとも有効であると結論してよいだろう。

表12.4.3　各群における評価点の平均値と標準偏差

	平均値	標準偏差
A群：洞察療法	6.00	0.89
B群：行動療法	4.00	1.10
C群：脱感作療法	3.00	0.77

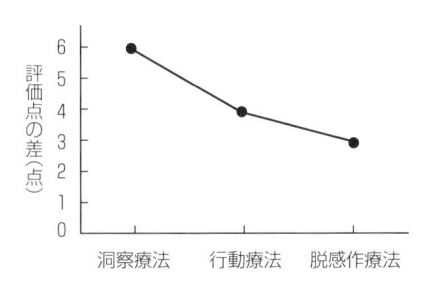

図12.4.1　各群における評価点の平均値

第13章 カイ二乗検定:度数の比較

いよいよ最後の章を始めましょう。最初に,データ値の尺度水準を再確認してください(➡図3.1.1, §1.2.3)。**t検定**(第11章)および**F検定**(第12章)は,量的変数(間隔尺度・比率尺度)に対して適用します。他方,本章で解説する**カイ二乗検定**は質的変数である**名義尺度**の数値(度数とパーセント%)に対して適用します。**ノンパラメトリック統計**の代表的な技法です。

§13.1 ウォームアップ

―テーマ13.1――――――――――――――――――――――――――――
　ノンパラメトリック統計は,母集団を仮定しないで,標本の数値そのままをデータにして種々の推測や検定を可能にしています。パラメトリック統計のように派手ではありませんが,実用的にとても大事な役割を果たします。ノンパラメトリック統計は,ほとんどが手計算で扱えるほどシンプルです。もっと解説したいのですが,紙幅の都合でカイ二乗検定だけに絞ります。
――――――――――――――――――――――――――――――――

(1) 数量の単位

Q13.1.1――――――――――――――――――――――――――――――
　以下の文を読んで,空所を適語で補充してください。
◎数値は,「どれくらいあるか?」に答えるために創造された記号システムです。図3.1.4で確認しながら読んでください。
　　☆例えば鉛筆は,相互に分離した個体だから〔連続量/不連続量〕です。個体の一つに,[1 2 3 ···]という系列の数値を〔1つ/2つ〕ずつ順番に当てはめてゆきます。この行為を「数える」と言います。
　　☆例えば池の水は,それ自体を数えることが〔できる/できない〕ので〔連続量/不連続量〕です。例えばバケツを使って,何杯で汲めたかを数えます。スプーンを使うのは非効率的ですが〔不可/可〕です。
　　☆バケツのように,連続量を分割するための媒体の量を単位と言います。例えばメートル原器のように,単位量は〔絶対的/規約的〕です。

(2) 計数

Q13.1.2

以下の文を読んで，〔　〕に当てはまる適語を選択してください。

◎ **名義尺度**（➡ §1.2.3）は，個別的な対象（人や物）に対して与えられている呼称（名前や名称）を意味する数値です。

☆ **計数**は，個別の対象を〔測定する／数える〕ことを意味します。例えば徳川慶喜は第15代の将軍ですが，その15は〔測定値／計数値〕です。

☆ 測定値は，倍数の表現が〔可能／不能〕です。倍数の単位となる数値が規約されています。だから，10メートルの2倍は20メートルです。10分の1倍は〔10メートル／5メートル／1メートル〕です。

☆ 計数値は，倍数の表現が〔可能／不能〕です。倍数の単位となる数値が規約されていないからです。例えば「私はAが好きです。でも，BはAの5倍も好きです。」と言います。しかし，好きの単位は一般的に規約されて〔います／いません〕。だから，四則演算（加減乗除）を適用することは〔できます／できません〕。

◎ 度数とか頻度数と表現しますが，対象の数を数える計数を意味します。

☆ 計数に対しては，〔パラメトリック／ノンパラメトリック〕の統計法を適用します。すなわち，母集団を想定しないで，標本データだけで意味づけることができることで結論します。

☆ 表13.1.1は，ラーメンの味較べで「好き」と答えた人の度数データです。指定の計算をして，言えそうな結論を考えておいてください。

表13.1.1　「好き」と答えた人の頻度

	好きの度数	パーセント	
しょうゆラーメン	① 34	⑤ =（①÷④）×100 =〔　　　〕%	※小数点以下は3位を四捨五入して第2位までを記入
しおラーメン	② 17	⑥ =（②÷④）×100 =〔　　　〕%	
みそラーメン	③ 19	⑦ =（③÷④）×100 =〔　　　〕	※紙幅のため，横配置にしたが，縦配置のほうがよい。
合計	④ =①+②+③ =〔　　　〕	⑧ =⑤+⑥+⑦ =〔　　　〕%	

第13章 カイ二乗検定：度数の比較

(3) クロス集計

◎表13.1.2のような形式によるデータ構成を**クロス集計**と言います。指定の計算を試みて，どんなことが言えるかを考えてみてください。その有意性の根拠を**カイ二乗（χ^2）検定**によって保証します。

　☆このクロス表は2要因で構成されています。

　　　◇一方の要因は，「よく夢を見ますか？」の質問に，［はい／いいえ］で答えるカテゴリを意味します。

　　　◇他方の要因は，［男性／女性］を意味する性別カテゴリです。

　☆表中の①②④⑤は計数値のデータです。該当する人を数えて，その結果の**度数（頻度：frequency）**を表します。

　☆行の要因（横）と列の要因（縦）が交差（cross）している**セル**（cell）にデータの数値を書き込みます。

◎**カテゴリ**（category）は意味の質的な差異を表します。

　☆例えば［男性／女性］の差異は質的な差異を表すカテゴリです。だから，ある時点と範囲における出現頻度を数えることだけが可能です。

　☆カテゴリの属性，例えば身長に注目すれば数量化が可能になります。

表13.1.2　クロス集計表（2×2）

		よく夢を見ますか？		
		はい	いいえ	合計
男性	度数	① 18	② 42	③ 60
	夢見の %	ⓐ=(①÷③)×100 =〔　　　〕	ⓑ=(②÷③)×100 =〔　　　〕	ⓒ=ⓐ+ⓑ =〔　　　〕
	性別の %	ⓙ=(①÷⑦)×100 =〔　　　〕	ⓜ=(②÷⑧)×100 =〔　　　〕	ⓟ=(③÷⑨)×100 =〔　　　〕
女性	度数	④ 36	⑤ 24	⑥ 60
	夢見の %	ⓓ=(④÷⑥)×100 =〔　　　〕	ⓔ=(⑤÷⑥)×100 =〔　　　〕	ⓕ=ⓓ+ⓔ =〔　　　〕
	性別の %	ⓚ=(④÷⑦)×100 =〔　　　〕	ⓝ=(⑤÷⑧)×100 =〔　　　〕	ⓠ=(⑥÷⑨)×100 =〔　　　〕
合計	度数	⑦ 54	⑧ 66	⑨ 120
	夢見の %	ⓖ=(⑦÷⑨)×100 =〔　　　〕	ⓗ=(⑧÷⑨)×100 =〔　　　〕	ⓘ=ⓖ+ⓗ =〔　　　〕
	性別の %	ⓛ=ⓙ+ⓚ =〔　　　〕	ⓞ=ⓜ+ⓝ =〔　　　〕	ⓡ=ⓟ+ⓠ =〔　　　〕

§13.2　適合度の検定

> テーマ13.2
> 適合度の検定は，観測した度数と理論的に予測される度数が，どのくらい適合しているかを調べる方法です。実験の操作が1要因で，参加者の反応が2つ以上のカテゴリで計数化されているときに適用できます。

(1) 実験計画：価値観

Q13.2.1

◎60名の大学生に，生き方に関する価値観を，自由記述で答えてもらいました。その結果，以下の4カテゴリに分類できました。各カテゴリごとに，回答した人数（**観測度数**）を集計すると，次頁の表13.2.1のようになりました。

　　カテゴリ$_1$（経済性）：経済的な豊かさを重視する。
　　カテゴリ$_2$（社会性）：社会のために役立つ生き方を追求する。
　　カテゴリ$_3$（趣味性）：趣味に合ったのんきな暮らし方をする。
　　カテゴリ$_4$（有名性）：有名になることを目指す。

◎大学生が生きる上で重要視している価値観はどれでしょうか？　以下の文を読みながら，空所内に適切な語句を補ってください。

◎以下のような実験デザインが組まれています（➡§8.3.4の①）。

　　　$E_1 : X \rightarrow O$　　E：実験群（➡§8.3.3）
　　　　　　　　　　　X：独立変数
　　　　　　　　　　　O：従属変数

　☆独立変数Xは，自由記述の題材（価値観）の1条件です。
　☆従属変数Oは，カテゴリ化された自由記述の価値観です。
　　　　◇各カテゴリを（経済性，〔　　　　〕，〔　　　　〕，〔　　　　〕）のように，実験者が4つに分類しました。

◎価値観の4つのカテゴリに，人数（度数）の偏りがあるかどうかを適合度の検定で調べます。

　☆「偏りがある」とは，あるカテゴリの人数が他のカテゴリの人数よりも多かったり，少なかったりすることを意味します。
　　　　◇上の実験例で，人数が顕著に多いカテゴリがあれば，その価値観を大学生は重要視していると推測できます。

表13.2.1　生き方の価値観に関する集計結果

	観測度数O	期待度数E
経済性	11	15
社会性	17	15
趣味性	25	15
有名性	7	15
合計	60	60

(2) 期待度数

◎期待度数は，理論的，または実証的に設定されます。

　　☆例えば，サイコロの各目の期待度数は，理論的に同じになります。150回振ったときの期待度数は，表13.2.2①のようになります。

　　☆例えば，日本人の血液型のように，A：B：O：AB＝4：3：2：1と実証的にわかっていれば，その比率に準じて期待度数を設定します。表13.2.2②は，日本人100名を調査したときの期待度数です。

◎例えば，Q13.2.1のように，理論的，実証的に期待度数を設定できない場合には，各カテゴリの度数は同じと想定するのが普通です。

　　☆すなわち，各カテゴリの度数には「偏りがない」と考えて期待度数を設定します（➡上表13.2.1）。

表13.2.2　期待度数の設定

①サイコロの場合（単位：回）

	⚀	⚁	⚂	⚃	⚄	⚅	合計
観測度数O	18	27	32	30	28	15	150
期待度数E	25	25	25	25	25	25	150

②日本人の血液型の場合（単位：人）

	A型	B型	O型	AB型	合計
観測度数O	52	28	19	11	100
期待度数E	40	30	20	10	100

(3) 適合度の検定における仮説

Q13.2.2
◎適合度の検定の仮説を立てます。〔　〕に適語を補ってください。
　☆**帰無仮説 H_0：観測度数O＝期待度数E**
　　　◇帰無仮説を採択したときは，〔　　　　　　　　〕と期待度数Eは**等しい**と判定します。
　　　◇表13.2.1の観測度数Eと期待度数Oは等しいと判定したのだから，観測度数Oの4カテゴリに偏りが〔ある／ない〕と判断します。
　☆**対立仮説 H_1：観測度数O≠期待度数E**
　　　◇対立仮説を採択したときは，観測度数Oと〔　　　　　　　　〕は〔同じ／異なる〕と判定します。
　　　◇表13.2.1の観測度数Eと期待度数Oは異なると判定したのだから，4つのカテゴリの度数に偏りが〔ある／ない〕と判断します。
◎適合度の検定は，χ^2分布（カイ二乗分布）を利用します。
　☆期待度数と観測度数が同等なときには，2つの度数から算出されるχ^2値（カイ二乗値）はχ^2分布に近似します（➡図13.2.1）。
　　　◇χ^2分布は自由度（df）に応じて変化します。
　☆期待度数と観測度数が**一致**しているほど，χ^2値が**小さく**なって，χ^2分布に従います。
　☆期待度数と観測度数が**異なっている**ほど，χ^2値が**大きく**なって，χ^2分布から逸脱していきます。

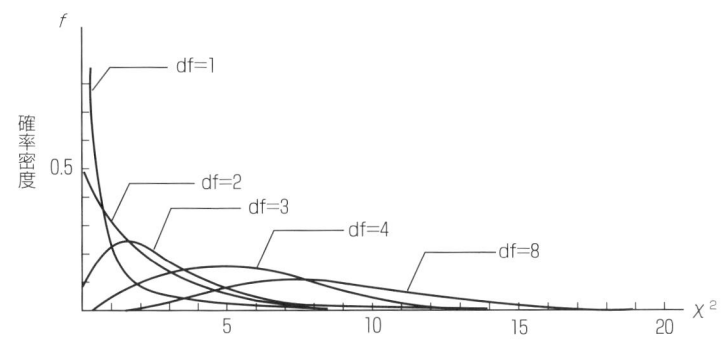

図13.2.1　自由度に対応するカイ二乗分布（繁桝・他，1999，p.44）

（4）カイ二乗値を算出しよう（適合度の検定）

[Q]13.2.3

　[Q]13.2.1のデータで適合度の検定を実行するために，カイ二乗値，自由度，臨界値を求めましょう。

表13.2.3　カイ二乗値の算出過程

	観測度数O	期待度数E	差D O−E＝D	差の二乗D^2 $(O-E)^2 = D^2$	離散度 D^2÷期待度数E
1	① 11	⑤ 15	11−15＝−4	$(-4)^2 = 16$	⑨ 16÷15≒1.07
2	② 17	⑥ 15			⑩
3	③ 25	⑦ 15			⑪
4	④ 7	⑧ 15			⑫
合計					⑬

※小数点以下第3位を四捨五入して計算

　　　　　　　　　　　　　　　　　　　　　　　　　χ^2値

ピアソンの$\chi^2 = \Sigma$［（観測度数O－期待度数E）^{2}÷期待度数E］

$\qquad = [(①−⑤)^2 ÷ ⑤] + [(②−⑥)^2 ÷ ⑥]$

$\qquad\quad + [(③−⑦)^2 ÷ ⑦] + [(④−⑧)^2 ÷ ⑧]$

$\qquad = [⑨\ 1.07\ ] + [⑩\qquad] + [⑪\qquad] + [⑫\qquad]$

$\qquad = [⑬\qquad]$

自由度（df）＝カテゴリ数−1

$\qquad\quad = [\qquad] − 1$

$\qquad\quad = [\qquad]$

χ^2の臨界値＝［　　　　　　］

　「自由度＝3」になるカイ二乗値の臨界値（5％水準，片側確率）を付表の「χ^2の臨界値」で調べましょう。

(5) 適合度の検定と判定

Q13.2.4

空所に入る適切な語句を選択してください。

◎大学生の「生きる価値観」のデータ（➡Q13.2.1）でχ^2値を算出すると，〔　　　　　〕になりました（➡表13.2.3）。

◎臨界値は〔　　　　　〕です。自由度 df＝3で，片側検定（➡§10.4.2）の5％水準のときの値です。

 ☆臨界値は，有意確率 p が5％になるとき（図の灰色部分の面積）に相当するχ^2値です。

◎カイ二乗分布の有意確率 p の手計算は無理です。そこで，臨界値を手がかりにして，有意確率 p と有意水準 α（5％）とを間接的に比較します。

 ☆χ^2値が臨界値よりも**大きい**とき，有意確率 p は有意水準 α（5％）より**小さい**はずなので帰無仮説を〔棄却／採択〕します。

 ☆χ^2値が臨界値よりも**小さい**とき，有意確率 p は有意水準 α（5％）より**大きい**はずなので帰無仮説を採択します。

◎「生きる価値観」データのχ^2値は，臨界値よりも〔小さい／大きい〕ので，帰無仮説を〔棄却／採択〕します。

 ☆つまり，期待度数と観測度数は〔同じ／異なる〕と判定します。

  ◇期待度数のカテゴリは偏りがないと設定しました（➡表13.2.1）。

  ◇その期待度数と観測度数は「異なる」と判定したので，観測度数の4カテゴリには人数の偏りが〔ある／ない〕と判断します。

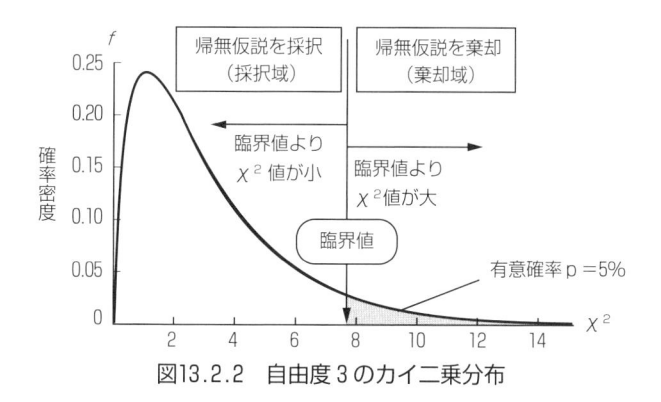

図13.2.2 自由度3のカイ二乗分布

(6) 結果の整理（適合度の検定）

> A 13.2.1
>
> 　大学生60名に生き方に関する価値観を自由記述で答えてもらった。記述の内容で分類すると，4つのカテゴリ（経済性，社会性，趣味性，有名性）に集計できた。結果を表13.2.4と図13.2.3にまとめて示す。4つのカテゴリに人数の偏りがあるかどうかを調べるために，適合度の検定を行ったところ，有意差が認められた（$\chi^2(3, N=60)=12.28, p<.05$）。大学生は生き方に関して，趣味性や社会性を重要視しているようだということがわかった。

表13.2.4　生き方の価値観

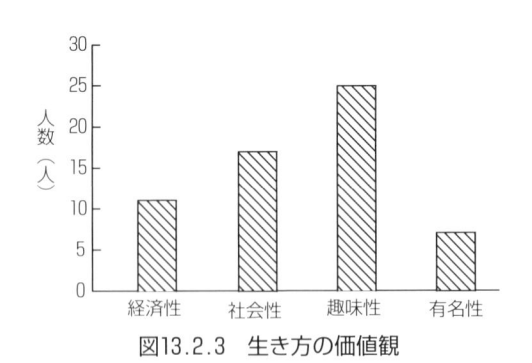

	カテゴリ				
	経済性	社会性	趣味性	有名性	合計
人数	11	17	25	7	60

図13.2.3　生き方の価値観

◎適合度の検定の結果の書き方：$\chi^2(3, N=60)=12.28, p<.05$

　☆（　）内の3は自由度です。N=60は，実験参加者の人数です。

　☆**12.28**は，観測度数と期待度数から算出したカイ二乗値です。小数点以下第3位を四捨五入して算出した値です。

　☆有意確率pが5％よりも大きいか，小さいかを不等号で表します。

　　◇**p＜.05**　5％水準で有意差が認められる。

　　◇**p＞.05**　5％水準で有意差が認められない。

§13.3 独立性の検定

> テーマ13.3
> 独立性の検定は，クロス集計表（➡表13.1.2）を使って2要因が独立している（関連がない）／独立していない（関連がある）を調べる技法です。

(1) 実験計画：知覚変換

Q13.3.1

◎同じ絵（図13.3.1の③）に対して，下降系列で観察したときと，上昇系列で観察したときで，異なる見え方が発生するかどうかを調べました。下降系列条件では，図13.3.1の①から③まで順番に呈示します。上昇系列条件では，図13.3.1の⑤から③まで順番に呈示します。実験参加者は40名で，各条件に20名ずつをランダムに割り当てました。絵は一枚ずつを呈示して，どちらの条件でも3枚目（図13.3.1の③）を呈示したとき，その絵が何に見えるかを［男・女］いずれか一方で回答してもらいました。表13.3.1で，その結果を示します。条件に応じて見え方が異なると結論できますか？
◎以下の文を読みながら，空所に適切な語句を補ってください。
◎以下のような実験デザインが組まれています（➡§8.3.6の⑤）

$E_1 : R \rightarrow X_1 \rightarrow O_1$
$E_2 : R \rightarrow X_2 \rightarrow O_2$

E：実験群（➡§8.3.3）
R：ランダムサンプリング
X：独立変数
O：従属変数

☆独立変数Xは，呈示の順序（系列）です。2条件が設定されています。
　◇ X_1＝〔　　　　〕条件
　◇ X_2＝〔　　　　〕条件
☆従属変数 O_1 と O_2 は，図13.3.1の③の見え方です。
　◇〔　　　〕か〔　　　〕のどちらか一方で回答してもらいました。
◎2条件（上昇系列，下降系列）と見え方（男，女）に関連があるかどうかを独立性の検定で調べます。
　☆「関連がある」とは，一方の条件で「男」が見えやすくなって，他方の条件で「女」が見えやすくなることに相当します。
　☆「関連がない」ときは，2条件で見え方が同等になります。

第13章　カイ二乗検定：度数の比較

表13.3.1　図13.3.1③の見え方

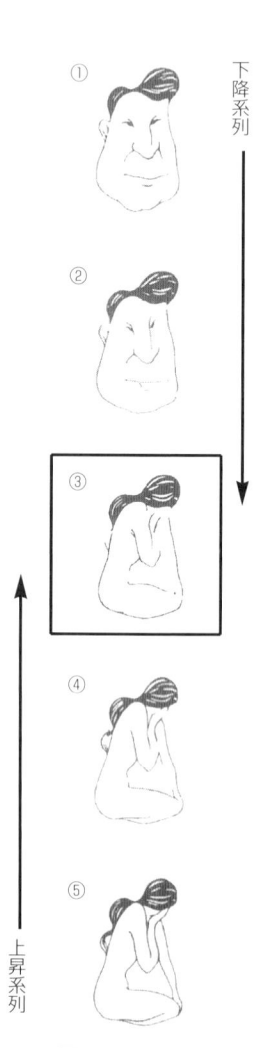

番号	条件	反応	番号	条件	反応
1	上昇	女	21	下降	男
2	上昇	男	22	下降	男
3	上昇	女	23	下降	男
4	上昇	男	24	下降	女
5	上昇	女	25	下降	男
6	上昇	女	26	下降	男
7	上昇	男	27	下降	女
8	上昇	女	28	下降	男
9	上昇	女	29	下降	男
10	上昇	男	30	下降	男
11	上昇	女	31	下降	女
12	上昇	女	32	下降	男
13	上昇	女	33	下降	女
14	上昇	女	34	下降	女
15	上昇	女	35	下降	男
16	上昇	男	36	下降	男
17	上昇	女	37	下降	女
18	上昇	女	38	下降	女
19	上昇	女	39	下降	男
20	上昇	男	40	下降	男

図13.3.1　男と女

Fisher（1967）に準じて作図

（2）期待度数の算出

◎独立性の検定は，クロス集計表を利用して2要因（要因X，要因Y）に関連があるかどうかを調べる手法です。

◎期待度数のクロス集計表は，2要因に**関連がないとき**（独立しているとき）を設定します。

☆2要因に関連がないときの期待度数は，表13.3.2のように，周辺度数（灰色の部分）から数学的に定義することができます。

☆この期待度数は，観測度数の周辺度数から算出します。

表13.3.2　2×2のクロス集計表

	Y_1	Y_2	Σ
X_1	a	b	n_1
X_2	c	d	n_2
Σ	n_3	n_4	N

セル a の期待度数＝$(n_1 \times n_3) \div N$
セル b の期待度数＝$(n_1 \times n_4) \div N$
セル c の期待度数＝$(n_2 \times n_3) \div N$
セル d の期待度数＝$(n_2 \times n_4) \div N$

$N = n_1 + n_2 = n_3 + n_4$
$n_1 = a + b$　　　$n_2 = c + d$
$n_3 = a + c$　　　$n_4 = b + d$

Q 13.3.2

Q 13.3.1の実験データ（表13.3.1）を，左下の表13.3.3に集計しましょう。また，表13.3.4で期待度数を算出してください。

表13.3.3　観測度数

	上昇系列	下降系列	合計
女			
男			
合計			

表13.3.4　期待度数

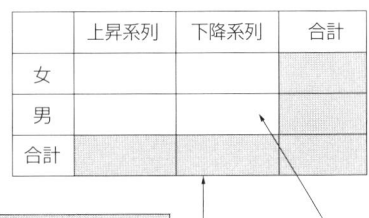

	上昇系列	下降系列	合計
女			
男			
合計			

※小数点のまま書いてください。

①表13.3.3の周辺度数（灰色部分）を表13.3.4に書き写しましょう。

②上の表13.3.2の計算式に基づいて期待度数を算出しましょう。

(3) 独立性の検定における仮説

Q 13.3.3

◎仮説検定を実行するために，以下のような仮説を立てます。

☆**帰無仮説 H_0：観測度数O＝期待度数E**

◇帰無仮説を採択したときには，〔　　　　　〕と期待度数Eは〔同じ／異なる〕と判定します。

◇期待度数Eは，2変数に〔関連がある／関連がない〕クロス集計表で定義されています。

◇期待度数Eと観測度数Oは同等だと判定したので，観測度数Oのクロス集計表も，2要因には関連が〔ない／ある〕と考えます。

- 例えばQ 13.3.1の場合，呈示の系列（上昇，下降）と見え方（男，女）には関連がない（独立している）と結論を下します。
- 系列に応じて，見え方が異なると〔いえます／いえません〕。

☆**対立仮説 H_1：観測度数O≠期待度数E**

◇対立仮説を採択したときは，観測度数Oと〔　　　　　〕は**異なる**と判定します。

◇期待度数Eは，2要因に関連が〔ありません／あります〕。

◇期待度数Eと観測度数Oは〔同じ／異なる〕と判定したのだから，観測度数Oの集計表の2要因は関連がある（独立していない）と考えます。

- Q 13.3.1の場合，呈示系列と見え方には関連が〔ある／ない〕と結論を下します。
- 系列に応じて，見え方が異なるといえます。

◎独立性の検定は，カイ二乗分布（➡図13.2.1）を利用します。

☆期待度数Eと観測度数Oが同等なときは，2つの度数から算出される χ^2 値は〔t分布／χ^2分布／F分布〕に近似します。

◇χ^2分布は自由度（df）に応じて変化します。

☆期待度数Eと観測度数Oとが一致するほど χ^2 値が〔小さく／大きく〕なり，カイ二乗分布に従います（➡Q 13.2.2）。

☆期待度数Eと観測度数Oとが〔一致する／異なる〕ほど χ^2 値が大きくなり，カイ二乗分布から逸脱していきます。

(4) カイ二乗値を算出しよう（独立性の検定）

Q13.3.4

前々頁の Q13.3.2 の観測度数（表13.3.3）と期待度数（表13.3.4）を，下の二つの表13.3.5と13.3.6にそれぞれ書き写しましょう。それらの数値を使ってカイ二乗値を算出します。

表13.3.5　観測度数
（表13.3.3と同じ）

	上昇系列	下降系列	合計
女	①	②	
男	③	④	
合計			

表13.3.6　期待度数
（表13.3.4と同じ）

	上昇系列	下降系列	合計
女	⑤	⑥	
男	⑦	⑧	
合計			

ピアソンの $\chi^2 = \Sigma\,[\,(観測度数O - 期待度数E\,)^2 \div 期待度数E\,]$

$\quad = [\,(①-⑤)^2 \div ⑤\,] + [\,(②-⑥)^2 \div ⑥\,]$

$\quad\quad + [\,(③-⑦)^2 \div ⑦\,] + [\,(④-⑧)^2 \div ⑧\,]$

$\quad = [(\,[\quad\quad]-[\quad\quad]\,)^2 \div [\quad\quad]\,]$

$\quad\quad + [(\,[\quad\quad]-[\quad\quad]\,)^2 \div [\quad\quad]\,]$

$\quad\quad + [(\,[\quad\quad]-[\quad\quad]\,)^2 \div [\quad\quad]\,]$

$\quad\quad + [(\,[\quad\quad]-[\quad\quad]\,)^2 \div [\quad\quad]\,]$

$\quad = [\quad\quad]$

※小数点以下第3位を四捨五入して計算

自由度（df）=（行のカテゴリ数 −1）×（列のカテゴリ数 −1）

$\quad = ([\;2\;]-1) \times ([\quad\quad]-1)$

$\quad = [\quad\quad]$

χ^2 の臨界値 = [　　　　]

「自由度＝1」となるカイ二乗値の臨界値（5％水準，片側確率）を付表の「χ^2 の臨界値」で調べましょう。

（5）独立性の検定と判定

Q13.3.5

〔　〕に入る適切な語句を補ってください。

◎表13.3.1の観測度数とその期待度数から算出すると，χ^2値は〔　　　〕です（➡Q13.3.4）。

◎臨界値は〔　　　〕です。自由度（df）＝1，片側検定（➡§10.4.2）で5％水準のときの値です。

◎χ^2の臨界値を手がかりにして，有意確率p（図13.3.2の灰色部分の面積）と有意水準α（5％）を間接的に比較します。

　☆算出したχ^2値が臨界値より**大きい**とき，有意確率pは有意水準α（5％）より〔小さい／大きい〕はずなので帰無仮説を棄却します。

　☆χ^2値が臨界値より**小さい**とき，有意確率pは有意水準αより**大きい**はずなので帰無仮説を〔採択／棄却〕します。

◎算出したχ^2値と，調べた臨界値を比較します。

　☆算出したχ^2値が臨界値〔2.71／3.84〕よりも〔小さい／大きい〕ので，帰無仮説（➡Q13.3.3）を〔棄却／採択〕します。

　☆つまり，期待度数と観測度数は異なると判定します。

　　◇観測度数における2要因には関連が〔あります／ありません〕。
　　◇系列に応じて見え方が異なると〔言えます／言えません〕。

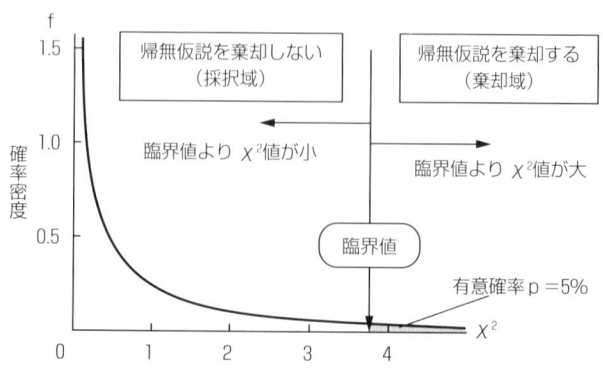

図13.3.2　自由度の1ときのカイ二乗分布とその臨界値

(6) 結果の整理（独立性の検定）

> [A] 13.3.1
>
> 　図13.3.1の③を，下降系列で観察したときと，上昇系列で観察したときとで見え方が異なるかを調べた。
>
> 　下降系列条件では，図13.3.1の①から③までを順番に呈示した。上昇系列条件は，⑤から③までを順番に呈示した。図は1枚ずつ呈示して，どちらの条件においても3枚目（図13.3.1の③）を呈示したときに，その図が何に見えるかを［男・女］のいずれか一方で答えてもらった。それぞれの条件には実験参加者を20名ずつ無作為に割り当てた。
>
> 　結果を表13.3.7と図13.3.3に示す。系列の条件に対応して見え方が異なるかどうかを調べるために独立性の検定を行ったところ，有意差が認められた（$\chi^2(1, N=40)=4.92, p<.05$）。同じ図を上昇系列で観察すると女を見やすくなり，下降系列で観察すると男を見やすくなることがわかった。

表13.3.7　条件ごとの図13.3.1③の見え方

		条件		
		上昇系列	下降系列	合計
反応	女	14	7	21
	男	6	13	19
合計		20	20	40

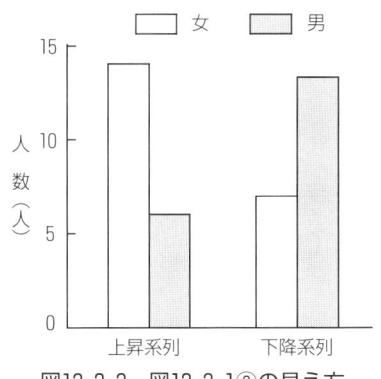

図13.3.3　図13.3.1③の見え方

◎独立性の検定の結果の書き方：$\chi^2(1, N=40)=4.92, p<.05$

　☆（　）内の1は自由度です。N=40は，実験参加者の人数です。

　☆4.92は，観測度数と期待度数から算出したカイ二乗値です。小数点以下の第3位を四捨五入した値です。

　☆有意確率pが5％よりも大きいか，小さいかを不等号で表します。

　　◇ p<.05　5％水準で有意差が認められる。

　　◇ p>.05　5％水準で有意差が認められない。

今後の学習に向けて

◎冒頭の「はじめに」で，本書の目標および想定する読者と学習法をはっきりとしておきました．その要点を繰り返してみます．
　☆目標：理解できるようになって欲しい3点を設定しました．
　　◇どのような考え方で，統計的方法を利用するのかを理解する．
　　◇どのような扱い方で，統計的方法を適用するのかを理解する．
　　◇手計算とグラフ化を試みて，統計的方法を具体的に理解する．
　☆読者：2タイプの初学者を想定しました．
　　◇統計学入門の授業で教授者の指導を受けながら学ぶ初学者．
　　◇仕事の必要があって独力で再学習する初学者．
　☆学習法：自学自習が可能なように工夫しました．
　　◇「要するに，どういうことなのか」と理解しながら進みます．この目的を達成するために，Q＆A方式を採用しました．
　　◇本に書き込みながら進むので，進度が分かって励みになります．しかも，自力で考えて進んでいるという自信が湧いてきます．
◎この頁を読んでいるのですから，上述した本書の目的を十分に達成されて，次の学習段階に進もうとしているのでしょう．そんな方々のために，今後の学習に向けてのアドバイスをしてみます．参考になれば幸いです．
　☆まず，読者を特定して話題を絞ります．
　　◇統計学を専門的に学ぼうとするタイプAの方々ならば，先生や先輩からの助言が最善です．ここでは考慮の対象から外します．
　　◇タイプBは，効果的に情報を発信・受信できる能力の獲得を目指している方々です．その目的は，必要なデータを収集して，適切な統計技法を適用できるようになることです．
　☆タイプBの方々には，本書に続けて，パソコンで起動する統計ソフトを駆使しながら学ぶテキストを勧めます．
　　◇統計ソフトの多くが，メニューから機能を選択すれば実行して結果を表示してくれます．だから，本書ぐらいの理法と技法を理解できていないと，何をやっているのか分からないままになるでしょう．

◆以下は，筆者が実際に運用したことのある統計ソフトです。
(1) 研究者などが使う高価な統計ソフト
  ① SPSS
  ② SAS
(2) 研究者なども使う無料の統計ソフト
  ③ R   → 神田（2012），長畑・他（2013），
            大森・他（2011），荒木（2007）
(3) 表計算ソフトのエクセルに組み込む統計ソフト
  ④**エクセル（Excel）** → 住中（2012），柳井（2005，2011）
  ⑤**エクセル統計**   → 深谷・他（2011）
(4) 無料で使える教育用の統計ソフト
  ⑥ js-STAR   → 中野・田中（2012），田中・中野（2013）
  ⑦ SPBS   → 村田（2004）
  ⑧ JSTAT   → 山本・谷（2012）

◆①と②は代表的な統計ソフトですが，学生にとっては高価すぎるので，大学のコンピュータ室に備えつけのパソコンで動かすことになります。
 ☆もっとも有名な①は本体の基礎機能だけで10万円ぐらいです。必要な機能のモジュールを加えると15万円ほどで，個人には負担が大きすぎます。
 ☆市販の統計ソフトは，他にも STATISTICA, JMP, SYSTAT などが有名です。いずれも高価すぎて，使ってみたくても手が出ません。

◆ここ5年ほどの間に，フリーソフトの③が急激に普及してきました。高価格の市販ソフトと同等以上の機能をフリーで利用できるからです。
 ☆Rは基本プログラムを公表していて，全世界のボランティアが新しい機能の開発に参加しています。その成果もフリーで利用できます。
 ☆市販ソフトはメニュー方式であり，メニューから必要な機能を選択しながら実行します。③はプログラム方式で，必要な機能のプログラムを書いてから実行します。③でメニュー方式を可能にしたのが**Rコマンダー**です。

◆パソコンを買うと，たいてい**ワード**（ワープロ）と**エクセル**（表計算）が附属されています。政府公用に指定されているソフトなので，企業や大学でも使うのが当然になっています。うら返すと，無料のソフトだと言えます。とりわけエクセルは優れた機能を発揮しますので，あとで言及します。

◆無料（フリー）で提供されている統計ソフトもあります。
　☆⑥は，本書に対応する範囲に限られますが，とても理解しやすい入力の画面が素晴らしく，実用的にも十分なフリーの統計ソフトです。利用を勧めたいソフトなので，すぐあとで解説します。
　☆⑦は，秋田大学の大学院医学系研究科環境保健学講座が開発して，教育用に利用しているフリーソフトです。教育用として十分だと思います。
　☆⑧は，2千円弱の寄付金を払うシェアウェアです。山本・谷（2012）を購入すると，附属のCDから無料でインストールできます。エクセルを併用すると教育用ソフトとして⑧で十分と思います。なお，教育用だと作者に申請すると学生分は無料になるようです。

★それでは，今後の学習に向けて3つの道筋を提案します。
1）共通ステップ
　☆ともかく，エクセルの豊かな機能に対応する操作法のマスターから開始することを勧めます。基本的な統計分析は関数を使って実行できます。
　☆グラフ機能が優れているので，ピボットテーブルと併用すると，仮説の発見や時系列の分析に有効です。住中（2012）を参照してください。
2）実用コース
　☆エクセルに追加（アドイン）する統計ソフトを使うと，必要な処理をすべてエクセル内で実行できるようになり，とても便利です。
　☆エクセル統計（社会情報サービス）は4万円ぐらいですが，アカデミック版は2万円ほどです。個人で購入する気になれるでしょう。筆者も執筆を分担した旧版に較べると（深谷・他，2011），2013年現在の最新版は多変量解析の機能がいっそう充実しています。
　☆柳井（2005，2011）に添付されているアドインソフトも実用的に十分な機能を備えています。多変量解析も実行できます。
3）本格コース
　☆フリーソフトを使いこなします。まず，中野・田中（2012）に導かれてSTARを使いこなします。実用的にはSTARで十分です。
　☆田中・中野（2013）に導かれて，STARからRへと移行します。
　☆Rコマンダーを拡張した神田（2012）のEZRを，Rコマンダーを解説する他の文献で補充すると，本格的な統計力を獲得できます。

引用・参照文献

荒木孝治（2007）．RとRコマンダーではじめる多変量解析　日科技連
有元貴文（2007）．魚はなぜ群れで泳ぐか　大修館書店
Festinger, L., Riecken, H., & Schacter, S.（1956）．*When Prophecy Fails*. Minneapolis: University of Minnesota Press.
　（水野博介（訳）（1995）．予言がはずれるとき―この世の破滅を予知した現代のある集団を解明する　勁草書房）
Fisher, G. H.（1967）．Perception of ambiguous stimulus materials. *Perception & Psychophysics*, 2, 421-422.
深谷澄男・喜田安哲・伊藤尚枝（2011）．心理データのエクセル統計　北樹出版
銀林　浩（1957）．量の世界：構造主義的分析　むぎ書房
Heider, F.（1958）．*The Psychology of Interpersonal Relations*. New York: John Wiley & Sons.
　（大橋正夫（訳）（1978）．対人関係の心理学　誠信書房）
Heider, F. & Simmel, M.（1944）．An experimental study of apparant behavior. *American Journal of Psychology*, 57, 243-259.
Hoffman, D. D.（1998）．*Visual Intelligence: How We Create What We see*. New York: W. W. Norton & Company.
　（原　淳子・望月弘子（訳）（2003）．視覚の文法：脳が物を見る法則　紀伊國屋出版）
一松　信・竹之内　脩（1991）．新数学事典（改訂増補版）　大阪書籍
池田　央（1971）．行動科学の方法　東京大学出版会
伊藤尚枝（2008）．木枠立体の知覚表象を促進する視探索と触探索　基礎心理学研究, 26, 121-128.
神田善伸（2012）．EZRでやさしく学ぶ統計学　中外医学社
長畑秀和・中川豊隆・國米充之（2013）．Rコマンダーで学ぶ統計学　共立出版
森　敏昭・吉田寿夫（編）（1990）．心理学のためのデータ解析テクニカルブック　北大路書房
村田勝敬（2004）．教育用統計ソフトウェアSPBSの開発　計算機統計学, 17, 59-63.
中野博幸・田中　敏（2012）．js-STARでかんたん統計データ分析　技術評論社
Osgood, C. E., Suci, G. J., & Tannenbaum, P. H.（1957）．*The Measurement of Meaning*. Urbana and Chicago: University of Illinois Press.
大森　嵩・阪田真己子・宿久　洋（2011）．R Commanderによるデータ解析　共立出版
齋藤嘉則（2010）．新版 問題解決とプロフェッショナル：思考と技術　ダイヤモンド社
繁枡算男・柳井春男・森敏昭（編）（1999）．Q＆Aで知る統計データの解析　培風館
清水　博（1992）．生命と場所：意味を創出する関係科学　NTT出版
住中光夫（2012）．知識ゼロからのExcelビジネスデータ分析入門　講談社ブルーバックス
多賀厳太郎（2002）．脳と身体の動的デザイン：運動・知覚の非線形力学と発達　金子書房
田中　敏・中野博幸（2013）．R＆STARデータ分析入門　新曜社
照屋華子・岡田恵子（2001）．ロジカル・シンキング　東洋経済新報社
Thigpen, C. H., & Cleckley, H. M.（1957）．*The 3 Faces of Eve*. New York: McGraw-Hill.
　（川口昭吉（訳）（1973）．私という他人：多重人格の精神病理　講談社）
Tinbergen, N.（1951）．*The Study of Instinct*. Oxford: Oxford University Press.
　（永野為武（訳）（1975）．本能の研究　三共出版）
涌井良幸（2008）．ゼロからのサイエンス 統計解析がわかった！
やまだようこ（1987）．ことばの前のことば　新曜社
山本澄子・谷　浩明（2012）．すぐできる！リハビリテーション統計　南江堂

引用・参照文献

山内光哉（1998）．心理・教育のための統計法（第2版）　サイエンス社
柳井久江（2005）．エクセル統計：実用多変量解析編　オーエムエス出版
柳井久江（2011）．4stepsエクセル統計（第3版）　オーエムエス出版
吉田耕作（2006）．直感的統計学　日経BP社
吉田寿夫（1998）．本当にわかりやすいすごく大切なことが書いてあるごく初歩の統計の本　北大路書房

索 引

【あ行】
1元配置　183
一次直線　42
1標本のt検定　155
一対比較法　126
意味　12
意味差微分法　126
イメージ　123
因果関係　35
SD法　122, 123, 126
F分布　158
F値　182
折れ線グラフ　21

【か行】
概括変換　10
回帰直線　45
回帰分析　43, 53
下位群　163
カイ二乗検定　154, 192
カイ二乗値　198, 205
カイ二乗分布　197, 206
概念系　12
確率　78, 81
確率分布　86
確率変数　84
過誤　145
下降系列　202
仮説検定　132, 134, 143
観測度数　142, 196
片側検定　150
葛藤　115
下方信頼限界　105
間隔尺度　15
棄却域　160, 168, 174, 199, 206
奇数　17
期待度数　196, 203
規定要因　121
帰無仮説　143, 173
強制選択法　125
共偏差　50
偶数　17
偶然誤差　182

区間推定　104, 105
組み合わせ　80
クロス集計　194
群の効果　182
計数　193
原因帰属　40
研究仮説　112, 114
構造　179
降順　17
項目分析　161
誤差　179
合理的思考　108
コンテクスト　100

【さ行】
最小値　17, 23
採択域　160, 174, 199, 206
最大値　17, 23
散布図　33
サンプリング　56
G-P分析　161
時系列　2, 8
四捨五入　5, 10
事象系　12
四則演算　13
実験デザイン　116
実験群　118
質的変数　20, 31
質問紙法　125
尺度化　31
自由度　48, 166, 172, 182
重回帰分析　53
重層構造　69
従属変数　116, 118
樹形図　111
順位法　126
順序尺度　15
順列　79
上位群　163
上昇系列　202
上方信頼限界　105
昇順　17
小数　76

213

索　引

信頼限界　　105
信頼性　　127
水準　　61
水準の誤り　　9, 61, 69
推測統計学　　56
正規分布　　26, 95
積集合　　59
絶対値　　169
線形　　10
線形回帰　　53
全体集合　　59
相関関係　　35, 43
相関係数　　47
相関係数の有意性　　48
相関分析　　43

【た行】
対立仮説　　143, 173
第1種の過誤 α　　146
対応のある t 検定　　155, 172
対応のない3標本　　184, 186
対応のない t 検定　　161, 166
対照群　　118
大数の法則　　71, 87
第2種の過誤 β　　146
多重比較検定　　188
妥当性　　127
単回帰分析　　53
チェックリスト法　　126
チューキー法　　190
中央値　　17, 23
t 検定　　152, 154
t の臨界値　　166, 168
t 分布　　167, 174
データのモデル　　179
適合度の検定　　195, 198, 199
点推定　　102
点データ　　32
同型　　117
等分散性の検定　　156, 159, 165
独立変数　　116, 118
独立性の検定　　201, 205
度数分布　　20, 26

【な行】
2元配置　　183
二項分布　　140
人象化　　114
ノンパラメトリック　　15, 31, 154

【は行】
場合の数　　78
パーセント　　5
媒介変数　　116
発生確率　　78, 135
パラメトリック　　15, 31, 154
範囲　　23
ヒストグラム　　24
非線形回帰　　53
非線形　　10
批判的思考　　108
百分率　　5, 76
表象　　123
標準偏差　　27, 28
標本　　65
評定法　　125
標本抽出　　56
比率尺度　　15
複雑　　1, 9
物象化　　114
部分集合　　59
分散　　157
分散分析　　154, 176
分散分析の種類　　183
分布タイプ　　26
分離量　　31
平均平方　　182, 187
平均値　　23, 27, 28
平均値の差の検定　　154
偏差　　28, 50
偏差二乗　　28, 46, 50
偏差平方和　　182, 187
変数　　30
棒グラフ　　21
母集団　　65, 98

【ま行】
無作為抽出　65
名義尺度　15
メディアン　23

【や行】
有意確率　160, 168, 199
有意水準　144
要因関係　9

【ら行】
乱数表　65, 66, 89
ランダム・サンプリング　65, 118
リカート法　125
両側検定　151
量的変数　20, 31
臨界値　160, 168, 174
連続量　31
論理的　110

【わ行】
Y切片　42
和集合　60
割合　76

付　表

(1) 乱数表①

行＼列	(1)	(2)	(3)	(4)	(5)	(6)	(7)	(8)	(9)	(10)
1	56716	40081	31798	70188	62034	50644	82799	48685	67962	78791
2	52465	41419	44148	35797	65133	91374	93594	23816	78391	09425
3	20047	92187	34174	12530	99340	70538	33363	41624	19703	05230
4	70177	15446	04773	80455	65014	37934	19816	60375	88471	94543
5	82283	61919	92860	04829	50847	65505	85490	17852	84796	75074
6	26363	93168	00847	00352	59161	34977	10504	29954	71960	93530
7	15165	94446	60909	54146	65299	57106	25153	23906	72609	24943
8	53791	66586	65153	01665	31299	04672	78878	66633	81281	25265
9	38940	42593	64810	57411	51895	87128	56354	61954	36412	53574
10	30696	83236	11354	25084	63084	77966	75271	07048	06443	43983
11	79289	19775	35681	49885	49535	52180	92349	59374	38302	03361
12	57211	78576	46575	38859	68387	79875	17473	54344	46343	24826
13	45718	92348	21030	59972	51594	49933	54208	58378	41312	59744
14	88978	37310	32280	27754	96690	78311	20993	13103	15710	33806
15	05800	13964	64638	82778	39797	70804	48408	31408	95744	19850
16	82855	00283	02576	22484	15806	78827	74398	69780	21811	64219
17	22715	01312	98615	29563	11989	67249	63353	92476	32894	03648
18	10488	97391	81701	39502	35841	33014	11520	5718	93632	55543
19	89491	23037	84686	09161	38085	50384	73071	54762	59707	88106
20	12765	33642	31340	39835	61032	68071	95988	40323	62237	52230
21	79065	78595	13910	48687	42818	47083	58916	52049	15460	31020
22	14686	99476	21522	36414	79146	31491	87046	54461	75505	08838
23	92760	06150	08634	21607	08367	71908	77209	40229	77795	16330
24	54926	50351	93395	63940	99421	97305	98352	87003	24619	65023
25	53039	36841	35715	50535	66420	78769	24958	71638	57299	74987
26	00084	80758	68790	90360	66704	98469	88088	15450	58116	00036
27	82534	66621	82503	56231	27284	88767	81420	89334	64983	57890
28	52977	17901	28788	74591	92571	65827	01053	71413	81576	90504
29	78953	95199	99112	68012	23913	86440	45148	72965	38701	44211
30	60712	26753	89602	13664	93146	69741	67179	47068	91615	88264
31	44905	86259	43904	99690	81424	98124	28805	95562	65863	83674
32	40133	79418	18585	65261	06511	30008	79186	50955	41377	15339
33	30554	41983	85650	56331	01786	96149	35357	21584	32027	80547
34	08793	83078	51770	24395	75023	60213	62824	05533	18224	58824
35	96487	94288	52031	76159	28532	75976	12243	55371	30167	90844
36	68258	87533	62979	72533	91850	00242	24087	25099	54538	48511
37	63624	72716	99280	79637	26760	92137	88301	60805	67132	67636
38	52623	51562	87337	17391	15069	96777	71064	92577	34920	45145
39	21347	09489	53243	97446	04506	45524	59408	50414	44563	41481
40	74675	22487	59624	61067	36650	60233	38491	44771	00358	26661
41	00620	02579	18965	43573	17083	33809	27199	90969	10357	84009
42	82010	22465	14947	41422	06841	10123	18463	62053	39914	68287
43	87079	53452	65133	22093	17621	30471	49352	37738	86628	39525
44	03895	88060	87766	34184	65780	91670	01676	42031	24921	72973
45	78919	34979	45596	54464	20309	98038	51490	57504	33780	26237
46	63796	55693	83779	57456	29086	08065	14477	95109	72263	38909
47	30222	46784	91085	39216	51407	18521	65110	59279	32635	84908
48	71201	75280	82833	94504	22646	68714	30169	29634	31820	71855
49	05608	55701	19598	13956	23988	47681	90806	36966	71151	37519
50	17332	44393	45927	27557	99886	43891	64983	82391	11161	46507

※この乱数表は筆者がオリジナルに作成したものであり，本文中に例示したものとは異なりますが，そのまま使用できます。

付　表

(1) 乱数表②

行＼列	(1)	(2)	(3)	(4)	(5)	(6)	(7)	(8)	(9)	(10)
51	98580	88662	50554	14790	37319	15441	33907	08263	09492	97746
52	68697	40138	52988	17538	11877	62710	17828	87263	14752	08233
53	42191	06157	92266	71419	05574	53292	80177	71755	56991	82118
54	54921	33892	93502	54384	36813	26745	32481	27513	45688	38070
55	52826	83616	99884	81913	13977	43811	15198	12146	88170	72599
56	47229	11543	95103	24835	93860	64984	20989	32073	80862	28758
57	44256	65223	18898	10075	1892	45625	33100	75381	50689	42681
58	70516	97982	48904	63532	18263	97327	63120	31566	12967	43826
59	10264	43622	49654	44331	79172	85279	11811	87607	40772	84588
60	26834	87116	20677	99439	91932	59392	17430	60270	55595	49581
61	89945	41980	64859	56483	15406	93446	28138	01858	69966	39844
62	25948	30529	37619	93247	71861	69154	89589	23440	45119	80303
63	78621	30486	97056	47552	16506	11218	08585	74462	09020	13070
64	75673	19578	41293	14221	26615	93974	96114	43682	77883	83703
65	05050	89624	17401	48653	3760	10381	26112	03673	70026	44687
66	72005	71708	40543	96990	23913	98175	31147	93151	95080	15791
67	33851	05642	45373	99952	70531	25638	62497	26482	90516	07971
68	82758	54560	51867	83790	35025	80053	92602	38146	85574	20129
69	61866	94412	23323	52417	84751	98354	92718	12043	22547	85266
70	85318	35802	79827	24327	03605	19201	08008	85440	16602	06568
71	80190	60199	97926	62940	57010	64926	74796	67819	03923	78482
72	03741	62313	90367	87307	41453	76007	99935	01658	24045	47197
73	11307	80494	12113	29232	48293	87265	33570	42672	85871	15236
74	65329	80860	41129	71599	21464	95500	78728	58772	86705	50113
75	24482	94669	45694	50140	19398	23147	88896	80561	65193	21714
76	11333	98119	37974	08537	76632	23626	92741	71566	88154	44234
77	29507	66599	10895	73934	61992	84885	37668	14456	94375	70521
78	09350	89114	96450	15510	66007	97421	65639	78337	68054	26908
79	62294	72666	43017	92034	84462	80752	58700	46511	38505	92526
80	18539	95375	50134	67595	47999	16787	06354	18817	66427	97827
81	19131	14668	05517	43200	22797	15765	82293	87824	84828	47734
82	88780	79503	50796	98938	14284	94483	01961	84396	20298	60511
83	22796	06132	74779	92127	41570	65630	92749	82968	84542	25398
84	70974	74994	97667	07697	26981	19678	84473	08038	56779	23083
85	38703	03171	26396	59068	13754	17345	59044	58585	47279	73193
86	59776	17757	27129	65445	32567	25167	94692	31749	69189	42421
87	52892	35578	43752	16269	19099	56845	68164	02193	38338	07911
88	25110	46383	64401	88913	37977	35284	07295	32829	00730	32682
89	16209	24190	74194	15927	37298	01647	97868	63437	57665	35064
90	81589	18022	50043	37732	32230	75457	24256	82132	55687	63135
91	33778	63807	05621	21598	08353	10314	90008	41713	71361	07466
92	09464	96539	11778	69496	96231	83574	65447	78770	33147	61287
93	69278	93668	26162	27866	84816	85592	75571	43217	50105	70889
94	08774	53386	46878	34636	60494	18765	81983	27417	04252	29554
95	97568	47221	13108	00579	54840	55749	57122	51759	56084	91619
96	25232	91985	77564	61883	93591	92087	43232	98218	48356	30895
97	91132	46757	21388	73442	73557	71790	10492	20092	82566	76140
98	48098	64547	40971	65346	41932	87904	86367	37169	51803	99888
99	02134	41693	64172	52577	35137	41916	70529	96648	80314	43623
100	49269	53530	37006	25924	85779	15090	25617	23337	29189	48754

付　表

(2) F の臨界値① (片面検定：有意水準5％)

$df_2 \backslash df_1$	1	2	3	4	5	6	7	8	9
2	18.513								
3	10.13	9.55	9.28	9.12	9.01	8.94	8.89	8.85	8.81
4	7.71	6.94	6.59	6.39	6.26	6.16	6.09	6.04	6.00
5	6.61	5.79	5.41	5.19	5.05	4.95	4.88	4.82	4.77
6	5.99	5.14	4.76	4.53	4.39	4.28	4.21	4.15	4.10
7	5.59	4.74	4.35	4.12	3.97	3.87	3.79	3.73	3.68
8	5.32	4.46	4.07	3.84	3.69	3.58	3.50	3.44	3.39
9	5.12	4.26	3.86	3.63	3.48	3.37	3.29	3.23	3.18
10	4.96	4.10	3.71	3.48	3.33	3.22	3.14	3.07	3.02
11	4.84	3.98	3.59	3.36	3.20	3.09	3.01	2.95	2.90
12	4.75	3.89	3.49	3.26	3.11	3.00	2.91	2.85	2.80
13	4.67	3.81	3.41	3.18	3.03	2.92	2.83	2.77	2.71
14	4.60	3.74	3.34	3.11	2.96	2.82	2.76	2.70	2.65
15	4.54	3.68	3.29	3.06	2.90	2.79	2.71	2.64	2.59
16	4.49	3.63	3.24	3.01	2.85	2.74	2.66	2.59	2.54
17	4.45	3.59	3.20	2.96	2.81	2.70	2.61	2.55	2.49
18	4.41	3.55	3.16	2.93	2.77	2.66	2.58	2.51	2.46
19	4.38	3.52	3.13	2.90	2.74	2.63	2.54	2.48	2.42
20	4.35	3.49	3.10	2.87	2.71	2.60	2.51	2.45	2.39
21	4.32	3.47	3.07	2.84	2.68	2.57	2.49	2.42	2.37
22	4.30	3.44	3.05	2.82	2.66	2.55	2.46	2.40	2.34
23	4.28	3.42	3.03	2.80	2.64	2.53	2.44	2.37	2.32
24	4.26	3.40	3.01	2.78	2.62	2.51	2.42	2.36	2.30
25	4.24	3.39	2.99	2.76	2.60	2.49	2.40	2.34	2.28
26	4.23	3.37	2.98	2.74	2.59	2.47	2.39	2.32	2.27
27	4.21	3.35	2.96	2.73	2.57	2.46	2.37	2.31	2.25
28	4.20	3.34	2.95	2.71	2.56	2.45	2.36	2.29	2.24
29	4.18	3.33	2.93	2.70	2.55	2.43	2.35	2.28	2.22
30	4.17	3.32	2.92	2.69	2.53	2.42	2.33	2.27	2.21
32	4.15	3.29	2.90	2.67	2.51	2.40	2.31	2.24	2.19
34	4.13	3.28	2.88	2.65	2.49	2.38	2.29	2.23	2.17
36	4.11	3.26	2.87	2.63	2.48	2.36	2.28	2.21	2.15
38	4.10	3.24	2.85	2.62	2.46	2.35	2.26	2.19	2.14
40	4.08	3.23	2.84	2.61	2.45	2.34	2.25	2.18	2.12
42	4.07	3.22	2.83	2.59	2.44	2.32	2.24	2.17	2.11
44	4.06	3.21	2.82	2.58	2.43	2.31	2.20	2.16	2.10
46	4.05	3.20	2.81	2.57	2.42	2.30	2.22	2.15	2.09
48	4.04	3.19	2.80	2.57	2.41	2.29	2.21	2.14	2.08
50	4.03	3.18	2.79	2.56	2.40	2.29	2.20	2.13	2.07
55	4.02	3.17	2.77	2.54	2.38	2.27	2.18	2.11	2.06
60	4.00	3.15	2.76	2.53	2.37	2.25	2.17	2.10	2.04
65	3.99	3.14	2.75	2.51	2.36	2.24	2.15	2.08	2.03
70	3.98	3.13	2.74	2.50	2.35	2.23	2.14	2.07	2.02
75	3.97	3.12	2.73	2.49	2.34	2.22	2.13	2.06	2.01
80	3.96	3.11	2.72	2.49	2.33	2.21	2.13	2.06	2.00
85	3.95	3.10	2.71	2.48	2.32	2.21	2.12	2.05	1.99
90	3.95	3.10	2.71	2.47	2.32	2.20	2.11	2.04	1.99
95	3.94	3.09	2.70	2.47	2.31	2.20	2.11	2.04	1.98
100	3.94	3.09	2.70	2.46	2.31	2.19	2.10	2.03	1.97

※ df_1：分子の自由度，df_2：分母の自由度

(2) F の臨界値② (片面検定：有意水準5％)

$df_2 \diagdown df_1$	10	12	16	20	24	30	40	60	100
3	8.79	8.74	8.69	8.66	8.64	8.62	8.59	8.57	8.55
4	5.96	5.91	5.84	5.80	5.77	5.75	5.72	5.69	5.66
5	4.74	4.68	4.60	4.56	4.53	4.50	4.46	4.43	4.41
6	4.06	4.00	3.92	3.87	3.84	3.81	3.77	3.74	3.71
7	3.64	3.57	3.49	3.44	3.41	3.38	3.34	3.30	3.27
8	3.35	3.28	3.20	3.15	3.12	3.08	3.04	3.01	2.97
9	3.14	3.07	2.99	2.94	2.90	2.86	2.83	2.79	2.76
10	2.98	2.91	2.83	2.77	2.74	2.70	2.66	2.62	2.59
11	2.85	2.79	2.70	2.65	2.61	2.57	2.53	2.49	2.46
12	2.75	2.69	2.60	2.54	2.51	2.47	2.43	2.38	2.35
13	2.67	2.60	2.51	2.46	2.42	2.38	2.34	2.30	2.26
14	2.60	2.53	2.44	2.39	2.35	2.31	2.27	2.22	2.19
15	2.54	2.48	2.38	2.33	2.29	2.25	2.20	2.16	2.12
16	2.49	2.42	2.33	2.28	2.24	2.19	2.15	2.11	2.07
17	2.45	2.38	2.29	2.23	2.19	2.15	2.10	2.06	2.02
18	2.41	2.34	2.25	2.19	2.15	2.11	2.06	2.02	1.98
19	2.38	2.31	2.21	2.16	2.11	2.07	2.03	1.98	1.94
20	2.35	2.28	2.18	2.12	2.08	2.04	1.99	1.95	1.91
21	2.32	2.25	2.16	2.10	2.05	2.01	1.96	1.92	1.88
22	2.30	2.23	2.13	2.07	2.03	1.98	1.94	1.89	1.85
23	2.27	2.20	2.11	2.05	2.01	1.96	1.91	1.86	1.82
24	2.25	2.18	2.09	2.03	1.98	1.94	1.89	1.84	1.80
25	2.24	2.16	2.07	2.01	1.96	1.92	1.87	1.82	1.78
26	2.22	2.15	2.05	1.99	1.95	1.90	1.85	1.80	1.76
27	2.20	2.13	2.04	1.97	1.93	1.88	1.84	1.79	1.74
28	2.19	2.12	2.02	1.96	1.91	1.87	1.82	1.77	1.73
29	2.18	2.10	2.01	1.94	1.90	1.85	1.81	1.75	1.71
30	2.16	2.09	1.99	1.93	1.89	1.84	1.79	1.74	1.70
32	2.14	2.07	1.97	1.91	1.86	1.82	1.77	1.71	1.67
34	2.12	2.05	1.95	1.89	1.84	1.80	1.75	1.69	1.65
36	2.11	2.03	1.93	1.87	1.82	1.78	1.73	1.67	1.62
38	2.09	2.02	1.92	1.85	1.81	1.76	1.71	1.65	1.61
40	2.08	2.00	1.90	1.84	1.79	1.74	1.69	1.64	1.59
42	2.07	1.99	1.89	1.83	1.78	1.73	1.68	1.62	1.57
44	2.05	1.98	1.88	1.81	1.77	1.72	1.67	1.61	1.56
46	2.04	1.97	1.87	1.80	1.76	1.71	1.65	1.60	1.55
48	2.03	1.96	1.86	1.79	1.75	1.70	1.64	1.59	1.54
50	2.03	1.95	1.85	1.78	1.74	1.69	1.63	1.58	1.52
55	2.01	1.93	1.83	1.76	1.72	1.67	1.61	1.55	1.50
60	1.99	1.92	1.82	1.75	1.70	1.65	1.59	1.53	1.48
65	1.98	1.90	1.80	1.73	1.69	1.63	1.58	1.52	1.46
70	1.97	1.89	1.79	1.72	1.67	1.62	1.57	1.50	1.45
75	1.96	1.88	1.78	1.71	1.66	1.61	1.55	1.49	1.44
80	1.95	1.88	1.77	1.70	1.65	1.60	1.54	1.48	1.43
85	1.94	1.87	1.76	1.70	1.65	1.59	1.54	1.47	1.42
90	1.94	1.86	1.76	1.69	1.64	1.59	1.53	1.46	1.41
95	1.93	1.86	1.75	1.68	1.63	1.58	1.52	1.46	1.40
100	1.93	1.85	1.75	1.68	1.63	1.57	1.52	1.45	1.39

付　表

(3) ピアソンの積率相関係数（r）の臨界値（両側検定：有意水準5％・1％）

N	df	0.05	0.01	N	df	0.05	0.01
3	1	0.997	1.000	41	39	0.308	0.398
4	2	0.950	0.990	42	40	0.304	0.393
5	3	0.878	0.959	43	41	0.301	0.389
6	4	0.811	0.917	44	42	0.297	0.384
7	5	0.754	0.875	45	43	0.294	0.380
8	6	0.707	0.834	46	44	0.291	0.376
9	7	0.666	0.798	47	45	0.288	0.372
10	8	0.632	0.765	48	46	0.285	0.368
				49	47	0.282	0.365
11	9	0.602	0.735	50	48	0.279	0.361
12	10	0.576	0.708				
13	11	0.553	0.684	51	49	0.276	0.358
14	12	0.532	0.661	52	50	0.273	0.354
15	13	0.514	0.641	53	51	0.271	0.351
16	14	0.497	0.623	54	52	0.268	0.348
17	15	0.482	0.606	55	53	0.266	0.345
18	16	0.468	0.590	56	54	0.263	0.341
19	17	0.456	0.575	57	55	0.261	0.339
20	18	0.444	0.561	58	56	0.259	0.336
				59	57	0.256	0.333
21	19	0.433	0.549	60	58	0.254	0.33
22	20	0.423	0.537				
23	21	0.413	0.526	70	68	0.235	0.306
24	22	0.404	0.515	80	78	0.220	0.286
25	23	0.396	0.505	90	88	0.207	0.270
26	24	0.388	0.496	100	98	0.197	0.256
27	25	0.381	0.487				
28	26	0.374	0.479				
29	27	0.367	0.471				
30	28	0.361	0.463				
31	29	0.355	0.456				
32	30	0.349	0.449				
33	31	0.344	0.442				
34	32	0.339	0.436				
35	33	0.334	0.430				
36	34	0.329	0.424				
37	35	0.325	0.418				
38	36	0.320	0.413				
39	37	0.316	0.408				
40	38	0.312	0.403				

※ N：データ数，df：自由度

付　表

(4) t の臨界値（有意水準5％）

自由度(df)	片側検定	両側検定	自由度(df)	片側検定	両側検定
1	6.31	12.71	26	1.71	2.06
2	2.92	4.30	27	1.70	2.05
3	2.35	3.18	28	1.70	2.05
4	2.13	2.78	29	1.70	2.05
5	2.02	2.57	30	1.70	2.04
6	1.94	2.45			
7	1.89	2.36	32	1.69	2.04
8	1.86	2.31	34	1.69	2.03
9	1.83	2.26	36	1.69	2.03
10	1.81	2.23	38	1.69	2.02
			40	1.68	2.02
11	1.80	2.20			
12	1.78	2.18	45	1.68	2.01
13	1.77	2.16	50	1.68	2.01
14	1.76	2.14	55	1.67	2.00
15	1.75	2.13	60	1.67	2.00
16	1.75	2.12			
17	1.74	2.11	70	1.67	1.99
18	1.73	2.10	80	1.66	1.99
19	1.73	2.09	90	1.66	1.99
20	1.72	2.09	100	1.66	1.98
21	1.72	2.08	∞	1.65	1.96
22	1.72	2.07			
23	1.71	2.07			
24	1.71	2.06			
25	1.71	2.06			

付 表

(5) q の臨界値（有意水準 5 ％）

df \ k	2	3	4	5	6	7	8	9	10	11	12	13	14	15	20	30
3	4.50	5.91	6.86	7.50	8.04	8.48	8.85	9.18	9.46	9.72	9.95	10.15	10.35	10.53	11.24	12.21
4	3.93	5.04	5.76	6.29	6.71	7.05	7.35	7.60	7.83	8.03	8.21	8.37	8.53	8.66	9.23	10.00
5	3.64	4.60	5.22	5.67	6.03	6.33	6.58	6.80	7.00	7.17	7.32	7.47	7.60	7.72	8.21	8.88
6	3.46	4.34	4.90	5.31	5.63	5.90	6.12	6.32	6.49	6.65	6.79	6.92	7.03	7.14	7.59	8.19
7	3.34	4.17	4.68	5.06	5.36	5.61	5.85	6.00	6.16	6.30	6.43	6.55	6.66	6.76	7.17	7.73
8	3.26	4.04	4.53	4.89	5.17	5.40	5.60	5.77	5.92	6.05	6.18	6.29	6.39	6.48	6.87	7.40
9	3.20	3.95	4.42	4.76	5.02	5.24	5.43	5.60	5.74	5.87	5.98	6.09	6.19	6.28	6.64	7.15
10	3.15	3.88	4.33	4.65	4.91	5.12	5.31	5.46	5.60	5.72	5.83	5.94	6.03	6.11	6.47	6.95
11	3.11	3.82	4.26	4.57	4.82	5.03	5.20	5.35	5.49	5.61	5.71	5.81	5.90	5.98	6.33	6.79
12	3.08	3.77	4.20	4.51	4.75	4.95	5.12	5.27	5.40	5.51	5.62	5.71	5.80	5.88	6.21	6.66
13	3.06	3.74	4.15	4.45	4.69	4.89	5.05	5.19	5.32	5.43	5.53	5.63	5.71	5.79	6.11	6.55
14	3.03	3.70	4.11	4.41	4.64	4.83	4.99	5.13	5.25	5.36	5.46	5.55	5.64	5.71	6.03	6.46
15	3.01	3.67	4.08	4.37	4.60	4.78	4.94	5.08	5.20	5.31	5.40	5.49	5.57	5.65	5.96	6.38
16	3.00	3.65	4.05	4.33	4.56	4.74	4.90	5.03	5.15	5.26	5.35	5.44	5.52	5.59	5.90	6.31
17	2.98	3.63	4.02	4.30	4.52	4.71	4.86	4.99	5.11	5.21	5.31	5.39	5.47	5.54	5.84	6.25
18	2.97	3.61	4.00	4.28	4.50	4.67	4.82	4.96	5.07	5.17	5.27	5.35	5.43	5.50	5.79	6.20
19	2.96	3.59	3.98	4.25	4.47	4.65	4.79	4.92	5.04	5.14	5.23	5.32	5.39	5.46	5.75	6.15
20	2.95	3.58	3.96	4.23	4.45	4.62	4.77	4.90	5.01	5.11	5.20	5.28	5.36	5.43	5.71	6.10
24	2.92	3.53	3.90	4.17	4.37	4.54	4.68	4.81	4.92	5.01	5.10	5.18	5.25	5.32	5.59	5.97
27	2.90	3.51	3.87	4.13	4.33	4.50	4.64	4.76	4.86	4.96	5.04	5.12	5.19	5.26	5.53	5.89
30	2.89	3.49	3.85	4.10	4.30	4.46	4.60	4.72	4.82	4.92	5.00	5.08	5.15	5.21	5.48	5.83
40	2.86	3.44	3.79	4.04	4.23	4.39	4.52	4.64	4.74	4.82	4.90	4.98	5.04	5.11	5.36	5.70
60	2.83	3.40	3.74	3.98	4.16	4.31	4.44	4.55	4.65	4.73	4.81	4.88	4.94	5.00	5.24	5.57
120	2.80	3.36	3.69	3.92	4.10	4.24	4.36	4.47	4.56	4.64	4.71	4.78	4.84	4.90	5.13	5.43
∞	2.77	3.31	3.63	3.86	4.03	4.17	4.29	4.39	4.47	4.55	4.62	4.69	4.74	4.80	5.01	5.30

(6) χ^2の臨界値（片側確率：有意水準5％）

df \ p	.05	df \ p	.05
1	3.84	21	32.67
2	5.99	22	33.92
3	7.81	23	35.17
4	9.49	24	36.42
5	11.07	25	37.65
6	12.59	26	38.89
7	14.07	27	40.11
8	15.51	28	41.34
9	16.92	29	42.56
10	18.31	30	43.77
11	19.68		
12	21.03		
13	22.36		
14	23.68		
15	25.00		
16	26.30		
17	27.59		
18	28.87		
19	30.14		
20	31.41		

【著者紹介】

伊藤尚枝（ITO Hisae）
恵泉女学園大学および聖心女子大学大学院で学び，博士（心理学）を取得。
現在は恵泉女学園大学と大妻女子大学の非常勤講師で，統計学および心理学に関連する科目を担当する。
〈主著〉
認知過程のシミュレーション入門　北樹出版　2005
甘えの心理に迫る：Rでテキストを分析　北樹出版　2010
心理学データのエクセル統計（共著）　北樹出版　2011

Q & A で理解する統計学の基礎

| 2014年5月10日 | 初版第1刷印刷 | 定価はカバーに表示 |
| 2014年5月20日 | 初版第1刷発行 | してあります。 |

| 著　者 | 伊　藤　尚　枝 |
| 発行所 | ㈱北 大 路 書 房 |

〒603-8303　京都市北区紫野十二坊町 12-8
　　　　　　　電　話 (075) 431-0361(代)
　　　　　　　ＦＡＸ (075) 431-9393
　　　　　　　振　替 01050-4-2083

© 2014　　　　　　　　　印刷・製本／創栄図書印刷㈱
　　　　検印省略　落丁・乱丁本はお取り替えいたします
　　　　　　　ISBN978-4-7628-2853-9　Printed in Japan

・ JCOPY 〈㈳出版者著作権管理機構 委託出版物〉
本書の無断複写は著作権法上での例外を除き禁じられています。
複写される場合は，そのつど事前に，㈳出版者著作権管理機構
（電話 03-3513-6969,FAX 03-3513-6979,e-mail: info@jcopy.or.jp）
の許諾を得てください。